逆商

Adversity Quotient.

韦秀英
苏　格　著

青岛出版集团 | 青岛出版社

图书在版编目（ＣＩＰ）数据

逆商／韦秀英，苏格著．—青岛：青岛出版社，2018.7

ISBN 978-7-5552-7075-1

Ⅰ．①逆…　Ⅱ．①韦…　②苏…　Ⅲ．①成功心理—通俗读物　Ⅳ．①B848.4-49

中国版本图书馆CIP数据核字（2018）第104787号

书　　名　逆商

著　　者　韦秀英　苏　格

出版发行　青岛出版社

社　　址　青岛市海尔路182号（266061）

本社网址　http://www.qdpub.com

邮购电话　010-85787680-8015　13335059110

0532-85814750（传真）　0532-68068026

责任编辑　郭林祥

责任校对　邓　旭

特约编辑　李文峰　郑丽丽

装帧设计　白砚川

照　　排　刘丽霞

印　　刷　唐山市铭诚印刷有限公司

出版日期　2018年7月第1版　2024年8月第6次印刷

开　　本　32开（880mm×1230mm）

印　　张　10

字　　数　170千

书　　号　ISBN 978-7-5552-7075-1

定　　价　39.80元

编校印装质量、盗版监督服务电话　4006532017　0532-68068638

前言

Adversity Quotient

这个世界不会因为你的努力而感动，但你的人生一定会因为你的不努力而崩塌。

我一直认为，一个成熟的人，应该是眼底藏着故事，脸上透着淡定。每一个努力前进的人，一路走来，谁没有几个让自己感动的瞬间？谁没有几个让自己绝望的时刻？谁没有几次让自己感到无能为力的悲壮？有时候，我也会不知道自己的方向究竟在哪里，我也会觉得自己拼命努力，还不如别人随便搞搞；偶尔，我也会觉得在这个“拼爹”的时代，“拼自己”的我实在是心力交瘁。可即便是这样，我始终都没有停下前进的脚步。拿到全额奖学金的时候，第一次加入美国科考队踏上南极大陆的时候，看到自己的照片和故事出现在学校杂志上的时候，我平生第一次听到别人用“成功”来形容我这个普通的人，一时间，内心五味杂陈。

我从来不认为自己是个成功的人，如果硬要我说，那我只是一个坚持实现自我价值的人。大多数人都能感受到我感受到的，那些沮丧、那些不公、那些自以为是的怀才不遇，大多数人也都拥有过与成功如此接近的时刻，或许还有过与成功擦肩而过的遗憾。一直想要找到生活的答案，找到努力奋斗的意义所在，在寻找的过程中，你是否迷茫过？是否想要放弃过？是否觉得身边的人都无法理解你？是否觉得自己已经用尽了力气，却还是不能得到自己应该得到的成就？

不用大声地回答我，你的心里是有答案的。而我的答案是肯定的。

所谓“非学无以广才，非志无以成学”，凡是成功者，必经历了学的过程，同样的，凡成事者，也必经历了志的磨砺。逆境和成功，就像一对孪生兄弟，没有人可以绕过逆境获得成功，也从来没有人能够一步登天，永享盛世。我们常常听说，一个人的智商和情商决定了他人生的高度，这很正确，但也很笼统。实际上，一个人面对逆境时的心态和能力，才是决定一个人幸福与否、成功与否的重要因素，这就是心理学上说的——逆商。

心理学上认为，一个想要成功的人必须具备高智商、高情商以及高逆商。而逆商则决定了人身处逆境时面对困难的能力和心态，一个乐观的人，必然比一个悲观的人更容易走出阴影；一个隐忍的人，必然比一个浮躁的人更懂得蓄势待发的力量。在这个处处充满变数的时代，逆境无处不在，只要你还在前进，就一定会经历起落和失败。小时候的考试成绩，成年后的业绩，都是衡量一个人成功与否的指标，虽然我们每个人对于成功都有着不同的定义，但不可否认的是，与其说我们追求的是成功，不如说我们追求的是自我实现的满足感，以及实现自我价值后获得的幸福与快乐。逆商，整合了智商和情商，又统一反映于面对逆境时的行动与反应，也决定了你在这个飞速发展的时代中究竟能走多远。

那么，逆商究竟在人生中扮演怎样的角色？它又如何帮助我们应付生活中的随机性呢？我们该如何提高自己的逆商？这就是本书要跟大家讨论的内容。本书分成十四个章节，分别向大家介绍规律的人为性，以及世界无序的本质，帮助大家认识不确定性如何隐藏在各种规律背后，以及在面对逆境危机的时候，如何克服内心的脆弱，避免负面情绪的积累，等等。人各有异，而道理则万变不离其宗，没有任何一本书可以告诉你该如何获得成功，但至少你能够从这本书的文字中得到启发，最终找到属于你自己的，在逆境中崛起，反败为胜的力量。

我不知道努力最终会带给我什么，只是觉得，如此美丽精彩的世界，假若没有拼命地活过一次，可真的是可惜啊！

目录

Adversity Quotient.

第一篇　什么都无法预测

——无法预测未来，就请努力过好现在

第三篇　灵魂苏醒，摆脱逆境和脆弱

——不破不立，唯有重建才能提升你人生的格局

第一篇
什么都无法预测

——无法预测未来，就请努力过好现在

第一章　崩塌的世界

心理学家发现，打碎玻璃的声音会造成大多数人的内心不悦，尤其是在毫无先兆的状态下。现实生活中，几乎没有事情是能够被百分之百预测的，突如其来的事情随时都可能发生，当我们熟悉或者习惯的世界忽然崩塌，剩下的就是无尽的绝望和恐慌。

规律都是脆弱的

当人类取下第一把天火，当人类第一次开始种植，当人类第一次开始灌溉，当人类第一次像鸟一样飞翔，都代表着一次又一次人类文明发展的飞跃。在这些发展进步的背后蕴含着我们这个世界上最神秘的东西——规律。中国人掌握了天气的规律，写下了农历，发展了耕种；英国人掌握了蒸汽的规律，发明了蒸汽机，开始了工业革命；美国人掌握了气流的规律，发明了飞机，实现了人类自古以来的飞行梦。由此可见，了解和利用规律给人类带来了巨大的利益，也正因为如此我们对规律非常着迷，平行到生活中，规律就成为我们社会中各种各样的法律或者规则。

从《汉谟拉比法典》刻在黑色的玄武石上，人类就有了律法。律法是社会这个庞大的机器得以运行的基本规律。“红灯停，绿灯行”简单的一个规则，让我们能够拥有畅通的交通；买东西要付钱就是等价交换法则最质朴的体现。现实生活中，不论做任何事情都必须有据可依，大多数时候规则并非一种束缚，而是一种保护，它能够给人带来内心的安全感。但是当我们一成不变地接受各种各样的法则规律，就会忽略生活中还有另一种更高级的法则——随机性。天气预报是晴天，你出门之后可能会下雨；你准备得很充分，兴高采烈地去签合同，对方可能刚好没有出现；你读了一夜书去参加考试，结果发现你复习的内容完美错过了考试题目……生活中充满了随机性。当我们熟悉的规律突然消失或者破碎，人们就会产生不知所措的感觉，这种错觉直接作用于内心，产生一种前所未有的恐慌感，这就是——绝望。

爱因斯坦的相对论提出后的十年内，有无数经典物理学家相继自杀，正是因为他们信仰了一辈子的牛顿力学理论，从某种意义上来说竟然是不正确的，他们致力于研究一辈子的科学，居然从定义上就是不准确的；一场小小的金融风暴，足以使一家如日中天的企业帝国瞬间瓦解。原因很简单，外表夯实稳固的规律本身其实是非常脆弱的，而我们平时所崇尚的社会准则、人际法则等规律往往不堪一击。

在最原始的金融社会，人们习惯以物易物，这种价值交换最直接、最公平。在那个时代，货物流通就是整个经济学中最基础的规律。然而随着人们的生产力提高，产品的产量和品种日益增多，以物易物显然已经无法满足价值流通的需要。这时候古老的经济规律就开始变得脆弱，传统的购买方法就开始显现其缺陷，之后也就有了货币的诞生。在人类经济学史上，货币的出现是一次质的飞跃，它代表了人们把事物的价值转化成了统一的价值符号，从而进行更有效率的价值流通。

因此，可以说规律的脆弱本质是源于改变和发展。我们的社会结构和组成每天都发生着变化，我们将这种变化分为短期和长期。短期变化通常改变量少，可预测性高，在这种情况下，利用我们熟悉的规律通常可以解决短期改变中发生的问题；而当短期改变逐渐积累，达到长期改变的时候，发展中的随机性就会大大增加，可预测性也跟着大幅度降低，此时原来的规律就变成一碰即碎、毫无用处的“废物”。

当我们熟悉的生活中出现大批的变数，不可预测的危机也接踵而至，那些无法做出正确反应和改变的人就会陷入困境，逆水行舟中，有的人调整心态，重整旗鼓；有的人则逃避现实，一蹶不振。想要走出逆境，首先要学会正面生活中的随机性，将不确定转变成动力，而这种转变的力量则来源于每个人的内心，来源于你本人面对逆境的态度。

1994年，亚马逊在美国西海岸成立，2017年亚马逊的美国电子销量达1960亿美元。可也许很多人不知道，就在2000年互联网泡沫破裂的时候，许多互联网公司纷纷倒闭，投资也大批量减少，其中亚马逊也失去了自己的大部分资金支持。面对突如其来的市场崩盘，以及合作伙伴的担忧，亚马逊CFO沃伦·简森和鲁斯·格兰迪内蒂没有一蹶不振，他们亲自穿梭于美国和欧洲大陆之间，与供货商会面坚持表达自己的公司财务状况运行良好。在逆境出现的时候，亚马逊的管理者凭借其坚定的信念，根据市场变化调整公司策略，利用互联网低潮，检验自己的不足，强化管理，加强与合作伙伴的协同作战，并不断推出新的服务，探索新的路子，吸引网上客户，以求渡过难关。这就是一个人在面对逆境时能做出的最积极的态度。

不确定性，它存在于发展的每一个角落，稳定的股票随时都有崩盘的可能。面对突如其来的挫折和逆境，究竟应该采用怎样的策略，利用怎样的态度才能以最快的速度摆脱逆境，进入下一个发展的春天。这就是我们这本书要告诉大家的最重要的信息。

逆流成河——绝望无处不在

电影《中国合伙人》中成东青有一段演讲，他说中国的学生是最容易失败的，这就是现实，失败无处不在，人生如此令人绝望。面对绝望不能逃避，我们要做的就是从失败中寻找成功，从绝望中寻找希望。其实不仅仅是中国学生，绝望是公平的，“属于”每一个人。我们之所以崇拜成功者，也是因为成功的往往是少数人，他们拥有我们没有的品质和能力，而.大多数时候，我们的成长和生活伴随着一路的失败和绝望，既然如此，如何面对生活中如火如荼的绝望，如何承受前进中汹涌澎湃的打击，就成为决定一个人最后能取得多大成功的重要因素。

二战时期，美国经济大萧条，失业率暴增，每个人都处于生存的边缘，整个国家受到重创，街边随处可见无家可归的流浪汉，家家户户都有食不果腹的孩童和老人，就是这样一个当时历史不足百年的移民国家，在二战结束后居然一跃成为世界第一强国，整个过程仅仅用了不到一个半世纪的时间。美国唯一一位连任四届的总统——罗斯福，这位坐在轮椅上的巨人想必没有人不熟悉，是怎样的意志让这个老人担起了整个国家，其实也很简单，一份坚持，一份希望，决不放弃，就是这样的品质才让罗斯福在危难中把持住了美国的航道，在混乱中看到前进的方向，在弥漫的硝烟中取得了最后的胜利。

小到走过一个十字路口，大到治理一个国家，绝望和逆境几乎是所有人都必须面对的。当绝望逆流成河，逃避和担忧不会给你任何帮助，它们只会使问题越来越多、绝望越来越大，最后彻底压垮你的往往不是失败或者挫折，而是来自于你内心的恐惧。当你的事业跌进谷底，当你的人生充满了失败，当你被所有人嘲笑和排斥，当你觉得未来再也不会有阳光；你会不会真的放弃，你会不会仰着头守住自己最后的倔强，你会不会从失败中积累经验、潜心修行，你会不会咬紧牙关拼命一搏？事实上，只要你不放弃，只要你坦然面对一切绝望，坚持到底你就会发现，等待你的就是晴朗明媚的未来。

西方的哲人奥古斯丁认为，“绝望”在上帝眼中是一种罪，是一种不知感恩的过错，他在“自由意志”中提到，人应当学会从绝望中寻找希望，这样才能获得上帝的恩赐。这说明从古希腊时代开始，人们就已经认识到生活中充满着各种各样的绝望，比如种了一年的粮食，因为虫灾颗粒无收；

比如春天来了，天气依旧不变暖。可智者们也帮我们找到了面对绝望的方法——寻找希望。有很多人会说，说起来当然很容易，可是实际上哪儿有这么简单！诚然，哲学理论都是最基本的概念，要实践到现实生活中去还要靠我们自己去努力。寻找最基本的前提是相信它的存在，守住希望，相信希望，才有可能找到希望，只有不放弃的决心才能带你走出逆境，远离绝望。人生很长，绝望不断，如果你非要通过绝望把世界上的一切都看得灰暗无比，那你的生活也将不再有阳光；创业和发展中等待你的是无数次的失败和白眼，如果你非要把所有的负面情绪都埋在心里等着它们发芽，那你最终只能被绝望吞没。

电影《锈与骨》中讲述了这样一个真实的故事：

一个贫穷的单身爸爸阿里，带着儿子生活得贫困潦倒，最后只能投奔姐姐，没有正当的工作，最后还因某些行为连累了家人，不近人情易怒易爆的性格特征形成了儿子幼小脑海中挥之不去的父亲形象。对于阿里一家，生活中只剩下无尽的失望，但随着另一位意外失去双腿的训练师斯蒂芬妮的出现，阿里的生活又燃起了新的希望，他没有放弃，最后担起了职责，儿子的死里逃生，也让阿里走出了绝望的瓶颈，找到了生活的本质和动力。

即使一切都已失去，也不要舍弃对生活的希望和寄托。赛里格曼定律告诉我们，没有绝望的环境，只有绝望的心态，当你舍弃了最后一份对希望的信念，那你的世界就将彻底崩塌，废墟之下，只能剩下你一生的遗憾以及谁也听不到的绝望的呐喊。逆境就像未知的海洋，只有坚持希望的人才能到达彼岸，潮起潮落间，要么在月落乌啼声中搁浅，孤独地沉沦；要么在风雨中顽强前行，顺着希望的灯塔驶向胜利者的彼岸。逆境中放弃和逃避只能给你带来更大的绝望，而坚持面对的人才会成为生活的强者，赢得属于自己的最精彩的人生。

看透“破窗”，把无序压制在萌芽状态

“我之所以看得远是因为我站在巨人的肩膀上”，有远见是随机性的死敌，当生活中的我们变得无所畏惧、眼光开阔，逆境就会开始退缩。而随机性本身就具有双面性，在带来了灾祸的同时，也蕴藏着机遇。那些离我们很近的东西，往往离别人也很近，那些看起来金光闪闪的机遇，也同样会吸引别人的眼光，想要成功，就必须学会从灰头土脸的生活中发现属于自己的机遇。这种伴随着风险和挑战的机遇，只有那些无所畏惧、远见卓识，在生活中积累了足够经验的人才能看到，这种能力能够在逆境中帮助你忽视绝望的作用力，从而去发掘别人看不到的财富。

远见这种品质通常需要时间和经验的累积，初出茅庐的年轻人往往很难具有这样的能力。当开始独立面对生活中的随机性或者逆境，如何以最快的速度获得远见，就需要我们首先学会控制这种无序的随机性。控制无序显然并不是说我们可以掌控事情发展的规律，而是指当我们的生活中出现了不可预料的事情，首先要做的不是手足无措的绝望，而是尽量想办法不让这种无序扩大化，许多情况下，随机性之所以使我们陷入困境，正是因为我们没有在第一时间控制随机性的发展。

心理学家发现，当一辆汽车的窗户被打破，那么它被盗的可能性，相较于完好无损的汽车，就大大增加了。因为无序的提前展示，让人们有一种“破罐子破摔”的既视感，对于其的无序也就被人为放大了。而这种情况是可以提前控制的，比如当你发现自己的车被剐掉了一块漆，立刻修补，如果你放任不管，心里就会觉得反正车已经花了，后面再发生碰撞、剐蹭，你自然也就不会在意，直到这种无序变为最大化，你开车会越来越不爱惜、越来越不小心，这种情况发展到最后，一定会让你无法收拾，而当危机发生的一刻，你决然想不到，这竟然是因为你最开始没有补漆造成的。

其实这和我们中国的古话“千里之堤毁于蚁穴”非常相似，我们看似忽然出现的逆境、危机，实际上大多数都早就有迹可循。如果一开始就能注意到那扇破了的窗户，并进行修补，就有预防危机的可能性。

一个工厂的老员工，一直勤勤恳恳，可是有一天有一个零件出了差错，他觉得没什么问题，就随便放过去了，结果被公司领导发现，老员工被开除了。没错，他犯的的确是一个很小的错误，几乎不可能影响到整个公司的运营和效益，但是这家公司却认为他这样做触及了公司最本质的灵魂，这是一个巨大的隐患，因此必须把他辞退以保证今后不会再有类似的事情发生，这就是一种远见。正如我们运营一个企业或者开展一个项目的时候，为了避免随机性可能带来的更大困扰，我们必须学会在这种看不见的可能性出现之前控制它，这就是逆商的一种表现形式——在看待微不足道的错误时，清晰的远见以及思考能力。

首先，如果我们能够在第一个漏洞出现之后，及时改正修复，防止这种漏洞的进一步扩大，那么至少我们可以控制一部分事情的走向，这并不是一种过于小心，而是一种最原始也是最安全的远见。

其次，因为我们无法看见一个漏洞引发的后果，于是我们在第一扇窗被打破的时候，就应当去思考为什么这扇窗被打破，这究竟是人为造成的错漏，还是运行设计中的不足。这就从根本上认识到破窗的重要性，也是一种最有效的前瞻行动。

最后，不论何时，一定不要放过小的疏忽，不能抱有侥幸的心态，一只蝴蝶就能造成南美洲的风暴，可见有时候击倒我们的不一定是天灾人祸，阴沟里翻船才是最致命的。也正因为这种侥幸心态，才使得很多人轻而易举地就滑入了逆境的深渊。

逆商，不仅仅是我们在逆境中的心态和意志，逆商首先是一种避免逆境的能力。当你看到第一扇窗被打破，不要置之不理，仔细思考，小心求证，防止那些看不见的事故发生就是一种远见。当窗户接连打破，当我们身处逆境，也不要绝望，坚持内心的希望，不害怕、不恐慌，拿出最大胆的假设，开始最细心的冒险，穿过风雨之后，难保看到的不是另一条更美的彩虹！

恐慌，来自理论的“七零八落”

你是不是也有过这样的感觉：每天早上准时起床，然后洗脸刷牙，穿好衣服去上班，在地铁站口买一个煎饼果子，晃悠十五分钟之后，走进公司大门，开始一天的工作，下午六点准时下班。日复一日，生活进行得有条不紊。然而如果有一天，你发现地铁口的煎饼铺子居然没开门，你会不会觉得忽然不知道该如何享用早餐了？而这种小变化可能会引起你一整天甚至更长时间的心情低落或者焦虑。这种焦虑会使你对工作和生活中的其他事情也产生厌烦情绪，甚至对身边一些你早已熟悉的事物产生怀疑，当这种情绪开始影响你生活的步调时，我们称之为——由变化引起的恐慌。

恐慌是一种负面的心理状态，它来自于人内心缺乏安全感的焦虑。比如说，你依靠了很久的笔记本电脑坏掉了，比如说你用了很久的钱包丢了，即使你心里很明白电脑坏了，再买一台新的就行，你的钱包里可能也没有多少现金或者重要的证件，你依旧会陷入恐慌。买新的笔记本电脑，你就需要重新去适应新的系统、新的鼠标、新的键盘，你还需要把旧电脑里的数据信息从硬盘里拷贝到新的电脑里，想想就觉得无比麻烦。同理，只要生活中出现了变化，内心缺乏安全感的人就会开始恐慌，因为他们不知道自己能否适应这些变化，而这种对未知的迷茫，则可以导致他们陷入更深层次的恐慌。

除了心理之外，长期所处的环境也会导致人面对改变时的恐慌系数差异。就好比对于某些职业来说，遇到变故要比普通人恐慌得多，例如编辑、作家，这些人平时就属于安静的脑力劳动，在家或者办公室，一成不变的环境，让他们的内心变得比普通人要更加脆弱，对于他们来说，停电或者冷气故障就要可怕得多。而对于那些常年在外面跑业务、拉客户的人，公司停电几乎对他们构不成任何心理上的恐慌。由此我们可以看出，长期处于变数中的人，更容易接受变化，也更容易去适应变化，因为在他们内心，变化是一种常态；而对于长期处于不变环境，尤其是稳定的优越环境的人，变化对他们来说几乎是致命的，因为他们非常满足于现状，那么打破这种满足的任何事物都会造成他们来自内心的恐慌。

在现代生活中，变化是一刻不停地发生着的。如果想要从一个平台走向另一个更高的平台，就必须克服内心对于变化的恐慌。只有让自己足够自信，让自己有足够的阅历和经验，才能在面对变化的时候，以最快的速度冷静下来，分析机遇和挑战，抓住变化中进步的空间，才能成就自己，或者说成全自己。如果面对变化，你只是傻傻地站在原地，等着别人走过来对你说："嘿！你知道吗，你以前的理论都是错的！"那等待你的也只剩下观念的集体崩塌和生活中的一蹶不振。

霍金，一个伟大的物理学家，今年刚刚去世的他，在轮椅上仰望星空。他是一个科学家，一个理论物理学家，理论对他来说就是最重要的成就与发现。他应该像很多人一样，对于自己的理论非常坚守，完全不接受质疑，这样才能证明自己的卓越价值。而他之所以伟大，是因为他的一生都在不断验证、不断推翻、不断重建自己的各种理论，从宇宙大爆炸，到黑洞蒸发，每一个理论都建立在之前一些理论的崩塌上面。而他却乐此不疲，绝对不会因为自己的理论被验证是错误的，而感到沮丧、感到恐慌。相反，他兴奋，他永远保持着对科学的好奇心，这样的他永远在前进，永远带领着整个人类前进。

霍金说："要仰望星空，不要看着自己的双脚。"你走出的每一步不该是低着头的，而应该追寻着远方的光明。打破自己的理论，重建就是重生，重建就是进步，想要面对这种崩塌的恐慌，需要一颗勇敢坚强的内心，也需要一个充满智慧和好奇心的灵魂。对星空的热情，是霍金探索整个宇宙的原动力，而我们需要的，也是这样一种动力，去抵抗逆境，去战胜危机。

一个人能学会在崩塌中寻求机遇，那么恐慌也就不复存在。当你觉得内心焦急，极度没有安全感，口干舌燥，看什么都不顺眼的时候，不要怀疑，这就是恐慌在侵袭你的内心。让我们用"植物大战僵尸"来解释我们的对策，看看当一大波"恐慌"来袭，我们应该怎么做才能不让恐慌吞噬掉我们的大脑和心灵：

1. "太阳花"——太阳花可以产生阳光，给你提供充分的养料，让你可以有精力去应付新产生的各种变化。这里的太阳花指的就是平时的知识储备。在事情进展顺利的时候，要有危机意识，要有战略眼光，多看书，多和比自己年长、比自己有经验的前辈交流，多接受新鲜事物，让自己的内心变得足够丰富和强大，有了足够的粮草弹药，也就相当于有了能够武装自己的铠甲，当恐慌来袭，我们要做的就是合理分配自己的能量，消灭恐慌于萌芽状态。

2. “冰冻豌豆”——冰冻豌豆不但可以打死敌人，还可以使那些敌人的速度减缓，给你更好的准备时间，和更长的进攻时间。在生活中，面对一些突发状况，首先要让自己冷静下来，也让这种状况冷却下来，刚烧开的水不但烫手，伴随着翻滚也会让你看不清楚视线，根本不知道该如何努力。这时候，恐慌会让我们做错决定，那么等水冷却，等事件冷却下来，比如说先去听个音乐、看看书、打打球，分散一下注意力，等心情舒畅了再来分析来龙去脉，找到解决方法，这就是对待恐慌的有效方法。

3. “土豆防线”——人与人当然不同，有的人天生内心强大，有的人则更为脆弱一些。那么对于那些内心并不那么强大的人来说，就需要多种土豆，建立强大的精神防线。如果你本身就属于容易紧张的人，那不妨在平时多给自己打预防针：当事情进展得顺利，就告诉自己不要掉以轻心，可能随时会变化；当事情进展得不顺利的时候，告诉自己，我就知道会这样。反复的心理暗示，也能够帮助你冷静下来，不会因为恐慌而做出令自己后悔的举动来。

4. “西瓜炮弹”——俗话说，进攻是最好的防守。当恐慌来袭，被动的防御显然是下选，或者说只是我们一开始能做的冷却环节。而真正的消除恐慌的方法，自然是反击。当你冷静地分析了崩塌的世界，当你清楚地认识到变数中的可能性，那么不要犹豫，朝着目标狠狠打去，一次不行就两次，两次不行就三次，在和恐慌战斗的过程中，你会慢慢发现，自己内心的焦虑随着对抗的深入变得荡然无存。

当你的“理论”瞬间倒塌，等待你的绝对不是前途的一片黑暗，而有可能是另一条更加美好的道路；当你的“世界”忽然变得一文不值，也许就是上天再给你机会，让你重新进入一个更高层次的游戏格局；当你的“稳定”退化成了束缚你前进的枷锁，也就是你需要重新起飞，再次去寻找目标的开始。这个世界不可能有一成不变的理论，也不可能有永远正确的真理。面对一切，恐慌是没有用的，缺乏安全感就给自己建立更加坚固的城堡；害怕天会塌，就努力学会飞翔。让恐慌的心态远离自己，让恐慌的心态变成鞭策自己前进的动力，不要害怕变化，不要害怕崩塌，要知道，一个新世界的建立，一定伴随着旧世界的灭亡，同样，一个新自我的成功，一定也需要旧自我的瓦解。

狂热背后的冷静

人是一种特别奇怪的生物。面对变化，或者说面对机遇和挑战，有的人可能会产生恐慌和焦虑的情绪，然而有一些人则走向了另一个极端——狂热。如果恐慌是内心的一个黑洞，那么狂热就是内心的一座休眠火山。狂热是比“充满激情”热情更高的一种内心层次。内心充满激情的人，可能对生活充满了兴趣，对工作充满了上进心，永远不服输，这是一种相当健康的正能量心态。而与之相较，狂热就多了一份不清醒，多了一点儿盲目，多了一点儿武断。当我们面对崩塌了的理论，面对被摧毁的价值观，既不能用终日恐慌的消极态度去面对，也不能够用一味狂热去解决。人，不论做什么，走极端，绝非明智之举。

我们经常说一些人是“狂热分子”，这个词语毋庸置疑带有贬义色彩。所谓的“狂热分子”指的是那些“容易被煽动，对自己坚持的事物非常盲目、非常武断，完全听不进别人的意见，有时候还会有过激行动的一类人”。这类型的人，其内心往往分为两个极端——极端空虚，极端自负。狂热分子在平时可能比较少见，而一旦社会或者大环境发生了变化，这些人就会忽然冒出来，因此历史上看，“狂热分子”的出现往往伴随着时代的变迁或者政局的动荡。一个人的狂热，如果来自极端空虚，那么这个人就属于“纸老虎”，这个人平时基本上没什么事情可以做，有时候也会很自卑，唯恐天下不乱，当变化产生，这种人就激动不已，大声吼叫，来标榜自己对新事物的追求和维护；而当狂热来自极端自负，则更为可怕，这类人内心一直有一团火，认为自己非池中之物，一旦抓住机会，就会揭竿而起，盲目地朝着目标前进，攻击性极强，当然最后大多数也就是落了个竹篮打水的结局。

被人们称为魔鬼的希特勒，本来是要成为一个画家的，可是在监狱里被看守侮辱了，于是他化愤怒为狂热，让自己发动了全球化的战争。如果这个看守知道日后的希特勒会变成这样一个人，还不如鼓励他成为一个画家。一个狂热的画家最多就是把自己的激情放到画中，而一个狂热的政治家，就会挑起一场人类的灾难。每个人心里都住着一个魔鬼，他可以以任何一种形状出现在我们的生活中，而狂热就是放出魔鬼的钥匙。

日常生活中，显然没有这么多的“革命”需要我们去面对。但是在这个充满着变数的社会，狂热的心态还是会时不时影响着我们的选择和决定。在面临一些变化，比如人事调动、公司重组等事件的时候，有些内心比较容易激动的人，就会开始看不清楚局面，武断一些的就会变成一意孤行；胆小点儿的就会开始人云亦云。不论是在任何一个公司、任何一个企业，总少不了一些别有用心的“阴谋家”，这些人善于运用人们内心的“狂热”，去操纵人们的行为，达到他们自己的目的。而作为人来说，每个人内心又都蕴含着这么一点儿小“狂热”，因此，什么时候该释放、应该如何释放自己的激情，就成了我们能否获得成功的必要条件。

狂热是一种激情的高级表现形式，也可以理解成是一个人的内在潜力，运用得好，狂热可以成为你成功的助力，如果不加以克制，这种心态就会变成自我毁灭的熊熊烈火。当内心的火焰越烧越热，最好的方法，就是用临头一盆凉水，让自己冷却下来。

在谈到情绪方面，我喜欢用冷却，而不是冷静，因为冷静是一种心态平衡，而冷却指的是一种行为、一种动作上的舒缓。那么让我们来分析一下，人究竟会在什么情况下不由自主地变得狂热。

第一种，属性型狂热。这种狂热是由于人本身就是这种性格，比较火暴，比较容易急躁，在生活中碰到变化容易变得燥热，倾向于喜欢变化，破坏性强。这种类型的人，在处理自己的情绪时，应当注意在平时就让自己的步调慢下来，多听一些轻音乐，多阅读一些幽静的散文，或者学着静坐，让自己变得有耐心，这样在遇到突发情况的时候，才能有效地克制自己的“狂热”情绪。

第二种，突发性狂热。这种类型的人，长期习惯性地压抑自己的情绪，打不还手，骂不还口，把所有的负面情绪都堆在心里，当内心情绪积累到达一定的阈值，刚好又碰到外界因素变化的激发，就会在短时间内爆发出一种狂热心态，这时候的人几乎处于盲目癫狂的状态，往往会做出令自己后悔不已的事情，也会伤害到一些身边真正的朋友。对于这种类型，我们需要在平时学会与人交流，把自己的负面情绪及时输送到体外，就好像每天排毒一样。主动跟同事说声“您好！”，看到别人露出一个微笑，被人误会就放肆地大哭一场，等等，都可以帮助你避免这种突发性狂热。

第三种，获得性狂热。获得性指的是一些人在其他人的诱导下产生的狂热心态。这种类型的人内心非常善良，但是有时候会有轻微的不自信，容易受到一些内心强大的人的左右，这种影响可以是客观被动的，也可以是主观主动的。当被别人的情绪感染，这种人会呈现一种越来越激动，把别人的情绪照单全收，然后反映自己的情绪，进而表现出一种狂热。“愚忠”指的就是这类型的人。对待这种心态，首先要建立自己的观点，凡事不要人云亦云，自己多思考，反复建立自己的自信，让自己的分析能力凌驾于主观懒惰的依赖性之上，如此一来，就不会成为别人的垫脚石，也不会被别人利用，弄得最后徒增伤悲。

无论怎样，一个人有生活的激情固然是好的，这样的人更有情趣，更加富有诗意，生活也更加快乐。然而，如果无法看到狂热背后的因果联系，只是一味充满激情地向前冲，很容易到最后摔得头破血流。虽说“不撞南墙心不死”，是一种执着的态度，但是如果能冷静地分析，把狂热的心态用在更加明朗正确的道路上，那么也许不必撞南墙，我们也能更快地到达我们所需要的终点，或者目标。

无序性的世界需要我们有足够的热情站起来，从头再来；但是随机可能会出现的逆境更是需要我们能够随时冷静地分析问题，看出解决问题的关键所在。因此，当你热血沸腾的时候，一定要强迫自己坐下来，冷静地想想，为什么我会如此激动？为什么我会如此疯狂？这背后究竟蕴含着怎样的因果，或者怎样的阴谋？当你能够把自己的内心从狂热的边缘拉回冷静的现实，也许就等于你把自己带离了危险的万丈深渊。

第二章　没有什么无坚不摧

安稳，一种人为建设出来的心理状态，这种没有变数的假象给我们带来的并非是真正的安定，而是“退化的温床”，我们的脆弱，像种子一样，在这样的温床上一点儿一点儿地滋生，直到有一天，轻轻一碰，我们的世界，粉身碎骨。

你究竟有多脆弱

市面上可以找到许多教人们如何心灵强大的书籍，也有许多引导人们获得幸福的散文、报纸、杂志。人们每天叫嚷着，不看“鸡汤”，“道理我都懂”，可为什么这些慰藉依旧能够触动我们？答案很简单，因为我们的本质都是脆弱的。每个人，从一出生，就开始了一条漫长的求索之路：寻求母亲甘甜的乳汁，寻求友善的小伙伴，寻求好的教育，寻求好的工作，寻求好的伴侣，寻求好的生活，等等。在求索的过程中，无比坚毅，充满潜能，你永远不知道自己会为了什么事情爆发出巨大的能力和动力。然而，就是在这个过程中，人们的成长、发现，渐渐失去一些本能的勇气，最终定格为统一的脆弱。

想要打倒一个人其实非常容易，每个人内心都有一个地方是最柔软、最脆弱的。那些力担千斤、泰山崩于前都能面不改色的人，其弱点往往是内心一个非常普通的点，如果这个点被击中，那就好像你拔掉了电脑的电源一样，这个人就会瞬间崩溃死机。

首先，相信并且直视自己的脆弱，人一旦开始拥有努力获得的东西，脆弱就开始堆积，人人如此，无需惭愧。永远不要以为自己是所向披靡的，就算你是齐天大圣孙悟空，也还是被如来佛的五指山压了五百年，后来戴上紧箍咒保着唐三藏去西天取经。这并非只是一个神话故事，这是一个道理，不管多么强大的人，也有他的弱点，也有他脆弱的一面，这脆弱的一面就是他最最渴望得到的，或者最最渴望守护的东西。而作为普通人的我们，如果能更清醒地认识到自己的脆弱，避免去打破自己的底线，那也就从一个侧面变得更加强大，变成更加接近成功的人。

关于内心脆弱，不同的人会有不同的表现形式，而不同形式的脆弱，也应当用不同的手法去保护。

比如说，有些人属于失去型脆弱。这个类型的人，内心总是患得患失，最害怕听到的就是“失去”二字。当他们一无所有的时候，他们害怕失去身边的人，害怕失去自己的斗志；当他们事业平顺的时候，他们害怕失去自己的财富、自己的成就；走入逆境时，又害怕自己将永远停留在人生的低谷。这类型的人，基本上无时无刻不在担心，每天都一脸忧愁，跟林黛玉一样，连看到落花都会感叹自己的年华老去，容颜不再。

害怕失去，源于内心对自己的不认可或者不信任。不相信自己能够永远拥有财富和成功，不相信自己有足够的魅力可以吸引身边的朋友亲人，因此他们选择了恐慌，这种人不论多么成功，只要他发现有些事情或者人发生了变化，就会立刻崩溃，伤春悲秋，最后把自己活活“吓死”。面对这种脆弱，能做的就是让自己自信起来，相信自己是配得上今天的成就的，相信自己的亲人不会离自己而去，相信自己就算失败也能重新获得成功。相信，就是勇气的来源。如果从实际出发，那么建议这类型的人，在闲暇之余可以多从事一些有挑战性的运动，比如漂流、攀岩，锻炼自己的气魄和胆识，或者做一些自己能完成的事情，建立自信，经过一点一滴的努力，自信就会变成脆弱内心的铠甲，有了保护，自然就不会害怕了。

与此同时，内心的脆弱其实和我们所处的环境是密不可分的。各种心理学书籍或者涉及心理学的电影中都可以看到，每个人从小成长的环境，塑造一个人的性格，可怕的过去可以造成一个人内心的扭曲和疑难。人的心理非常特别，很难寻找到统一的模式，比如小时候父母经常吵架，这种环境下长大的孩子，可能会变得特别害怕争吵、特别胆小怯懦；也可能会有暴力倾向，过度自我保护。又比如说小时候父母每次生气，就变得非常沉默寡言，那这个孩子有可能会特别害怕安静的场合，当大家都不说话的时候，这个人就会陷入莫名的恐慌。这就是环境给我们造成的心理暗示，或者心理阴影。

面对这种几乎是先天性的“脆弱症”，只能以彼之道还施彼身。如果你是一个悲观的人，那么请你强迫自己去和乐观的人交往，让那些阳光的人用他们的热情和开朗去感染你，也许他们不可能从根本上改变你内心的悲观，但是至少他们能够起到减轻和缓冲的作用。有些人会说，我不需要改变，我也活得挺好。没错，生活中许多人就这么活着，也很少有人因为悲伤封闭而死掉。但是如果你选择阅读这本书，就说明你的内心是想要改变的，是渴望能够获得更有价值的人生的，如果你想要变得更强，那么就请从现在起摆正心态，强迫自己去改变自己身边的环境，把自己内心的门打开，扯开窗帘，让阳光透进来，让正能量释放进来。

社会研究教授布琳·布朗认为："脆弱（Vulnerability）是耻辱和恐惧的根源，是我们为自我价值而挣扎的根源，但它同时又是欢乐、创造性、归属感、爱的源泉。"

说了这么多，我们该如何发现自己脆弱的一面呢？

第一种方法要求你必须平心静气地想一想，自己大多在什么情况下会忽然崩溃，或者会突然暴跳如雷，把最近三个月你发脾气，或者消极得快要活不下去的情况写下来，把原因和最后解决的结果都记录下来，这样你就能很容易发现，究竟是什么事情会触发你内心最脆弱的那个点。

第二种方法是从身边的朋友下手，人们常说：看一个人的习惯，要看他的鞋子；看一个人的品行，要看他身边的朋友。你身边的朋友大多是与你志趣相投的，那么他们一定能反映你的某些潜意识取向。而同时，人们都有一个特点，就是看别人的时候很清楚，看自己的时候很模糊。所以观察你身边的朋友，看看他们有哪些很脆弱的地方，然后对照自己，就更容易发现你自己内心脆弱的部分了。

第三种方法是和长辈聊天，这种方法相当有效，但是许多年轻人不乐意去做。长辈比你阅历要丰富，通常他们有更加敏锐的眼光，可以帮助你改正身上的某些不足。只不过年轻人经常觉得老人的经验之谈已经过时，根本起不了作用，因此也不会真心想要听从他们的话语。事实上，尽管时代变迁，但许多道理却始终如一。每个礼拜花些时间和你尊重的长辈聊聊天，从他们的谈吐中得到一些启发，可以有效避免自己踏入脆弱的雷区。

承认自己的脆弱，没什么丢人，相反，能够认识到自己脆弱的人，往往有更大的变得强大的空间。知道自己的弱点，才知道自己该如何进步。而一个自以为强大的人，却无法体会内心的需求，甚至主观地选择忽略，或者掩盖，久而久之这种人会将自己的脆弱忘得一干二净，一旦有一天自己的脆弱被现实击中，生活瞬间就会崩塌，而重新站起来的机会也会比一般人更加渺茫，因为在漫长的积累中，他早已迷失了自己的本心。

坦然面对自己内心的脆弱，每个人都是脆弱的，这是因为我们是人，我们有感情，有喜好，有回忆，有憧憬。脆弱是一种美好，而并不是一种非治不可的病，直视它，你将获得无比巨大的勇气，保护它，你将会拥有前所未见的力量。

压死骆驼的最后一根稻草

我们中的大多数人，每天都叫嚣着要做一个优秀的人，要做精英，要获得成功。但是在现实社会里，成功的人永远都是那一小部分，大多数人都经过或多或少的奋斗，最后放弃或者绝望，终归失败了。有时候，你会不会也很好奇，究竟我们这些普通人和成功者之间的距离有多远，或者说我们离失败到底是有多近？

可以这么说，在顺境里每个人的心态都差不多，只不过有些人有更强的危机意识，有些人只是躺在成功的沙滩上晒太阳，而这两种心态可以决定你成功的时间有多久，或者决定你还能不能获得更多的成功。与此同时，真正能决定我们成败的，是一个人在逆境中的心态。

逆境可以成就一个人，但更多的时候它可以击垮一个人。当人陷于逆境，来自内心的压力、来自对未知的迷茫、来自身边的各种期待都会压得人喘不过气来。逆境中的苦，并不可怕，而对于逆境之外的未知才是最折磨人的。就好比一个从事大楼建筑的农民工，你让他每天从事繁重的体力劳动，并不会让他感到特别痛苦，然而如果你在年底不给他工钱，那就是将他推向了万劫不复的深渊。逆境，从来不是靠残酷恶劣的生活条件打垮一个人的，逆境中击倒你的是迷茫和绝望。然后身处迷雾中的你，还能听到逆境外的人高唱凯歌，这就相当于在你的内心又踩上了几脚。当这种压力和绝望交织着反复折磨你的内心，人也就随之被打败了。

在逆境中，首先要保留火种，让内心先好好地活下来，然后再寻找走出逆境的道路。想要让内心平静下来，首先要做的，就是正确认识你所面对的逆境。

生活中，有些人总觉得自己身处逆境是一件非常非常不幸的事情。其实，逆境是人生的常态，甚至是机遇的前身。就仿佛你攀登一座高山，你站在山顶的时间就那么一刹那，剩下的时间要么你是在低谷拼命地往上爬，要么你是在一溜小跑地走下坡路。所以说，想要获得成功，就必须习惯在逆境中生活。

当你把逆境当成一种机遇，当成老天爷给你的登上山顶的道路，那么逆境中不论多难熬，你都不会放弃前进的希望。因此，当你在逆境中开始天天抱怨，开始把所有的责任都推给“不公平”的命运，那你就要开始小心了，说明此时的你内心已经开始瓦解，如果不赶紧制止自己，想必你就会永远被困在黑暗当中。

想要在逆境中坚持前进，必须要懂得坚持。

有句话是“不撞南墙不回头”，指的就是这种百折不挠的精神。撇开固执和一意孤行不谈，单就一个人的坚持绝对可以让他在逆境中至少生存下来。生活中，许多人都有机会成功，但是他们都没有坚持，有些时候往往是在临门一脚，许多人退缩了，许多人放弃了。因为在这之前，他们遇到过太多次的失败，经历了太多次的打击和挫折，逆境已经渐渐吞噬掉了他们内心的希望与信心，所以在最后一秒，很多人选择了放弃，也就是在最后一秒，他们和成功失之交臂。

马云创造的阿里巴巴、马化腾的腾讯，一开始都是困难重重的，当IT冲击中国的时候，多少IT公司和企业，雨后春笋一般地崛起。而如今却只有某些人获得了巨大的成功，还有一些人早就被淹没在时代浪潮中了。所有的人都从同一个起点出发，只是大部分人都倒在了途中。

经常听到有些人说："如果我当年再坚持一下……"是啊，如果再坚持一下，这是这个世界上最可悲的一句话。人生没有草稿，过去了就是过去了，错过了也不可能再有第二次机会。那些在最后一秒放弃的人，也就只能眼巴巴地看着那些坚持到最后而获得成功的人，只能在心里默默想着：唉，他的成功本应当是属于我的啊！但一切都为时已晚。

面对无法避免的逆境，我们能做的就是往前走，看不到路没关系，没有未来没关系，既然你已经在低谷里，那不论你怎么走都是在前进，不论你怎么走都是在上坡。所以不要害怕，失败了重新再来，跌倒了站起来继续走，摔疼了就蹲下来哭一哭，然后擦干净眼泪，怀着满满的信心继续走下去，没有走不出去的迷宫，也没有登不到的山顶，你需要做的只是——坚持一直走下去。

在现实失望和绝望的情况下，无论如何不能让最后一根稻草压倒自己，或者说，无论如何不能让最后一根稻草就这么落下。

当你反复失败、反复失望，请记住：千万不要把一切都归结于自己无能。要相信自己是可以的，现在的失败，只不过是成功道路上的一段稍微长了一点儿的插曲。爱迪生实验一千多种材料造灯泡的故事已经老掉牙了，但是却很少有人能真正做到他那种坚持。事实上，爱迪生是一个很自负的人，他就相信自己的理论是正确的，之所以没有成功，并不是他的错误，只是材料没有找对，仅此而已，所以他相信成功只是时间问题，根本不是脑力劳动，他需要做的就是继续，继续，再继续。

生活中有许多不公平，抱怨是解决不了问题的，甚至有时候会适得其反。你竞争一个岗位，发现这个岗位实际上已经有了内定的人选，有些人可能会想，算了，不要去当陪衬了。实际上，你仍然可以去参加这个岗位的应聘，如果你相信自己足够优秀，就算这个岗位已经内定，那一定也会有别的岗位适合你；就算这个公司不请你，你也可以选择向他们证明你才是优秀的，让他们后悔当初选了另外一个内定的人选，这时候你也可以邀请这个公司帮你推荐到另一个有可能的工作岗位上，等等。不要觉得生活不公平，人与人本来就有高矮胖瘦、素质差别，如果你想要平等，就请你让自己足够优秀，当你已经有了足够的资本，公平这种事情对你来说就起不到决定性的作用了。

逆境不止，当想要放弃的时候，想一想：我现在放弃了，会不会前面所有的努力都白费了？我是不是还能再坚持一下？我是不是真的就要败在这里了？如果在逆境中只是累了、疲惫了，那么没关系，卸下包袱，休息一下，让自己好好地睡一觉，让自己好好地放松一下，但是当你休息好了，请一定重新背起行囊前进，因为不论多长时间，成功就在前面，它在等待着那些能坚持到最后一秒的我们，它在等待着和我们一起为了拼搏的成功而喜悦地流泪。

从负能量到“可口可乐”——百折不挠

可口可乐公司曾经在二战的时候为美国大兵提供充足的饮料，也就是可口可乐自己，不管有多么困难、成本有多么昂贵，他们都愿意这么做，不仅仅是“爱国”这个营销手段可以让他们在国内的销量领先，更重要的是，付出这样的努力可以给在一线的战士带去强烈的刺激，带去一种“不管战争多残酷，今天还是有值得我开心的时刻”的理念。就连美国五星级上将艾森豪威尔，也是可口可乐的爱好者，当然他也在这件事情中扮演了很重要的角色。这个故事在现在看来，是有趣的，整个发展史充满了奇幻色彩，然而我们都可以想象到，当一线的士兵冒着生命的危险从前线归来，打开一瓶充满气泡的饮料，那种愉悦感就好像在对自己说：“嘿，恭喜你，又活过了一天！”负能量很可怕，会越滚越大，但也很弱小，小到一瓶饮料就能一扫阴霾，带给你哪怕几分钟的好心情。这样想想，人心是不是也挺容易糊弄的？

这个世界上不可能存在永远不可摧毁的力量。山石坚固，但水滴就能击穿它；天空浩渺，但几片乌云就能让它哭泣；大海广阔，也挡不住人们的船只；没有任何一件事情，或者任何一种权利是可以永恒存在的。因为时代在变，人们在变，环境在变，一切都在改变，如果你不能顺应改变，同时坚持自己的理念，那么等待你的大概也只有被抛弃了吧。

人们常说失败是成功之母，其实更确切地应该说逆境才是成功之母。几千万年前，地球的大陆连成一片，板块运动给所有的生物带来了灭顶之灾，这种逆境几乎导致了许多物种的直接灭绝。然而，分割开来的大陆上，那些幸存的生物没有放弃，它们努力地进化，适应新的环境、找寻新的食物，形成了如今的新大陆、新的生态系统。如果说六千五百万年前的恐龙是地球上的霸主，那这些霸主怎么就在一场莫名其妙的灾难中完全消失了呢？很简单，它们没有改变，它们太过于强大，它们太相信自己的强大，以至于它们最后被新的生态环境所淘汰。

有些人说，这是生物范畴的东西，跟社会不搭边儿。实则不然，自然法则是在任何一种社会形态下都适用的，比如适者生存。听起来非常残忍，但实际上许多现代学的营销方面的书籍，都在追寻着这样一种思想。在逆境中不思进取，一味抱怨，或者不对自己的行为和失败进行反思，不考虑改变自己的思路，那么等待你的只有灭亡。因此，当逆境出现，要做的并不是闷头前进，更多的是反省，要明白逆境产生的原因，要发现逆境的弱点。要懂得在逆境中领悟自己应该改变的地方，领悟自己不足之处，领悟让自己不要再次身陷绝境的方法。只有懂得在逆境中悟道，先抓住那瓶可口可乐的人，才能先站起来，才能以最快的速度摆脱逆境，因为他们走的才是捷径，他们出击的才是逆境最薄弱的那面墙。

逆境中蕴含负能量——失望、抱怨、厌世等等，这些情绪都会让内心变得异常脆弱，也让人的心态变得不堪一击。因此，我们本能地排斥这种负能量，认为它就一定不是好东西，一丁点儿都不能有。事实上，负能量也是一种能量，它也可以推进你前进的脚步。比如说，你很失望，但是失望之后，你就应该懂得反省，看看自己为什么这么失望，这样一来负能量就提供了一个很好的让你冷静的机会，相反如果你一直成功下去，后果也许更加堪忧。

战争中的可口可乐，就是负能量的出口和转化，而当负能量也能为你所用，你想想自己已变得多么所向无敌。

当你遇到不顺心的事情，想象自己抓一罐可口可乐，打开它，什么都不想，听着气体轻轻冒出，喝一口，神清气爽，想象自己变得充满力量，想象自己将负能量全部喝下去，变成自己需要的能量和潜能。如果有一天你在逆境中也能学到东西，生活中的负能量也能被你当作动力，那么恭喜你，你已经获得了最大的成功，因为你已经超越了可以击垮内心的负能量。

“半途而废”的伟人们

这是一个神奇的时代，各种各样的成功者充斥着我们的眼球。每个人都想尽办法让自己脱颖而出，变得跟其他竞争者不一样。而我们津津乐道的那些世界级别的“伟人”，都在成名之后，被芸芸众生发掘出了许多貌似不为人知的小故事，这些奇人逸事也在不断鼓励着现在的年轻人一步步地向前走。

在众多伟人的案例中，有一件事情特别有意思，总是被人拿来比较、拿来标榜——半途而废。比如我们伟大的Facebook创始人——马克·扎克伯格、我们现在天天使用的PC机之父——比尔·盖茨，以及身兼作家、赛车手并跨界做导演的著名文艺青年——韩寒，他们都有一个共同的特点——学好像上得不是特别好。扎克伯格和盖茨甚至不是上得好不好的问题，而是中途直接就退学了，而韩寒当年提出“全面发展就等于全面平庸”的观点，引起了中国教育界好一阵子的轩然大波。这些现在我们眼中的“成功者”似乎并没有如我们所想的一样，无论做什么都会坚持到底，无论怎么样都一条道走到黑。

那么现在，咱们就来聊一聊坚持和放弃。所谓坚持，是坚定地持续做某一件事情，我们在前文中也说到，只要你认为自己的梦想是正确的，那么你就应该百折不挠地坚持下去，只有这样，你才有可能获得自己的成就。那么放弃呢？放弃就是放下与舍弃那些我们认为已经没有价值的东西和观点。放弃在励志的讲坛里永远都是一个反面教材。因为放弃的人，都是没有毅力的人；放弃的人，都是没有在逆境中走出来的人；放弃的人，都是不配获得成功的人。那么为什么，有些人放弃了，反而成功了，甚至获得了更大的成功呢？是不是我们之前讲的那些东西都是纸上谈兵的废话呢？

答案，当然是否定的。

首先让我们来剖析一下伟大的盖茨先生所谓的“辍学”事件。比尔·盖茨的母亲就是IBM的前总裁，也就是说盖茨出生在一个相当富裕的家庭，也同时有着做计算机产业的雄厚基础，因此盖茨可以在哈佛大学读书，对美国留学情况有一定了解的人都知道，哈佛在美国是“有钱人”才读的学校，里面都是一些各界精英、各界奇葩，甚至各国政要的子女。而盖茨从小就对计算机有着浓厚的兴趣，在大学期间，他很快就对学校教授的传统内容失去了兴趣，而更想要自己设计软件、自己实践把PC机普及到家庭中去，出于这个想法，盖茨从哈佛大学的校园获得了足够的知识储备和资源，加上大分的理解，在他觉得时机已经成熟的时候，他不顾父亲的反对，毅然退学，开始创业，后来经过一些小的波折，他成功了。

没错，比尔·盖茨退学的确属于“半途而废”，在中国这种小孩儿估计也会让父母恨得牙根儿痒痒，但是我们要看到的不仅仅是盖茨退学这个表面现象，如果你曾经听过盖茨的演讲，那么你就应该注意到，盖茨在有限的青少年时间和大学岁月里都做了什么样的努力和准备，当他放弃学业的时候，实际上正是他对自己内心事业坚持的一种表现。他义无反顾地放弃没有价值的“学业”，坚持投身到自己认为已经万事俱备的事业当中，这种放弃，是一种有思考的放弃，一种深思熟虑具有前瞻性战略眼光的转换。当机遇和挑战同时出现在了比尔·盖茨的时代，微软诞生了，他也成了PC机时代的代名词。

所以说，不能盲目地把放弃就当作是失败。合理性的放弃，是为了坚持更值得坚持的目标和梦想。扎克伯格的故事同样也证明了这件事情。这位仁兄在大学宿舍里琢磨着怎么样能搞一个小活动，结果觉得在学校里来一场选美不错，然后就设计了一个整个大学都可以链接的网址，让大家投票，后来先是小范围地做了一个社交网站，上面只有简单的功能，再后来几个志同道合的朋友越弄越有兴趣，就有了Facebook的雏形，最后为了实现自己终极目标的扎克伯格也选择了退学，实际上，这时候的他并没有特别明确的目标，但是敏锐的嗅觉使他觉得这是一个开发新领域的绝佳机会，因此他愿意冒着风险，开始一场新的旅程。

如大家理解的，不是所有的放弃都是在有准备的情况下产生的。比如说，有些人只是单纯地觉得现在的工作太辛苦、工资太低、加班太多才放弃，结果放弃了之后也找不到新的人生目标。或者有些学生，为了打游戏荒废了学业，让自己陷入逆境，这种放弃才是一种“废”，你浪费了你的青春和才华，你放弃了自己的一个目标，但是却没有找到另一个目标，你只是为了放弃而放弃，因此，这才是真正的“半途而废”。

出于惰性而产生的放弃，一定会导致人的后退，导致你以最快的速度在逆境中迷失自我，这种半途而废是不可能让你成功的，就算你天天模仿那些成功者去辍学，成功的机会也不可能垂青于你，因为你根本学走了样，你该学的是他们的睿智、果敢、努力和拼搏，以及他们表面上放弃，实则是向着更好的目标冲刺的坚持与勇敢。

有时候，我们放弃，是为了更大的成功；我们放弃，是为了更好的坚持；我们放弃，是为了更快地走出逆境。学会放弃，是逆商的一种，这是一个人有明确的思想，知道自己的目标什么是重要的、什么是不重要的象征。知道如何放弃的人，往往更懂得资源优化配置，可以把有限的时间和精力放到更值得坚持的事情上来。因此，我们要学习的是放弃背后的准备、努力，是放弃背后的那种敢于承担风险的勇气，是放弃背后对理想最执着的坚持。

半途而废，这个成语一直作为贬义词活在好几代人的心中。然而，当你明白有些道路是走不通的、当你发现了更好的路，有些道路的确是可以放弃的，因此半途而弃并非会导致半途而废，一个人是否会“废”在你所经历的历程中，关键并不是你是否放弃了什么，而是你坚持了什么。当你选择放弃一样东西，你是否是在选择坚守另一样更有价值的东西？如果你能明白这个道理，也就懂得了放弃的真正意义。

摔碎绝望，打破逆境——逆商秘籍

随着互联网的诞生，各种新媒体相继出现。这个时代，比以往任何一个时代都更加信息化，人与人之间的交往也许看似很远，但实际越来越近，随便登录一个社区网站，都可以暴露你的地理位置。可以说，这个时代，你隐藏不了任何事情，而也正因为如此，这个时代带给我们的绝望更是五花八门。

在工作中，遇到瓶颈会绝望；在交友中，没有以诚相待的好友会绝望；在朋友的社交中，发现自己没有别人混得好也会绝望；甚至有些人在社交网络看到别人出国旅游的照片，都能绝望好一阵子。这个时代的透明，让我们和其他人更可以进行全方位、360° 无死角的攀比，而绝望产生的直接原因就是——差异性。

简单地把生活分为逆境和顺境两种，也就是说当我们身处逆境的时候，看着身边那些开心的人都是处于顺境的，这种比较之后的差异感，会给我们带来非常不舒服的感觉，会让我们更加焦虑、更加厌弃自己，也就更加绝望。攀比带来的差异性，使得我们不得不去拼搏、不得不去奋斗，因为没有人想要被甩在后面，没有人想在十年后的同学聚会上无话可说，没有人喜欢接受别人同情的目光。也正因为这种力争上游的心态，带给我们更多的压力，也使得我们一旦处于逆境，就会更加绝望。

不论如何，在逆境中也要做好自己，这样才能继续前进，才能不被别人同情，不被绝望和愤怒冲昏了头脑。如果只有打破逆境才能继续前进的话，那么消除逆境中的绝望就是打破逆境的制胜法宝。当你在逆境中，不再有任何顾虑，不再绝望，也就不再有抱怨，就能将所有的勇气和力量都用在走出逆境上，这种做法才是正能量的最佳体现。也可以这么说，消除绝望心态，是逆商的一种心理学表现形式。

我们在这一章提到，没有什么无坚不摧，是想要大家明白人的内心能有多脆弱。但是恰恰是了解了我们的脆弱，我们才能感受到人的内心究竟可以有多么强大。我们说人心脆弱，比如说随便一点儿的拷问和责罚，就可以让一个说谎的孩子痛哭流涕；但是，当人有了信念，就可以面对多么严酷的局面，哪怕失去生命，都可以毫不在乎地一笑了之。脆弱与强大从来只有一线之遥，那条线就是你心里坚持的究竟是什么。

想要做一个强者，首先要有一个信念，有一个坚持；当你有了一个长远的目标，你才有为之奋斗的动力，当前进的脚步受到束缚，当你陷入逆境，你就会想起自己最初的梦想，这时候的你就会变得无比强大，因为你比任何人都想要实现自己的理想。有了信念，就要有和理想相匹配的行动，空想家只出现在古希腊和文艺复兴时期，而且就算你天天躺在床上思考成功的秘诀，你也不可能变成亚里士多德，因为哲学家首先是实践家，他们都从繁重或者痛苦中才悟出人生的真理，而这对于我们浮躁的现代人来说几乎是不可能的，因此我奉劝各位，放弃成为一个空想家，实实在在地动起来，实践自己的目标，才有机会获得自己的成就。

只要坚持，就没有绝望，永远不要害怕逆境，永远不要害怕黑暗。“否极泰来”是中国古代一个高深的智慧，其实说白了就是：一个人已经倒霉透了，那估计他也就不可能再倒霉了。仔细想一想，这个成语应该是这样的：当你尝尽了各种失败、经历了无数坎坷，你的经验值和战斗力都积累到了一定量的变化，那么引起质变就应该是时间的问题，所以说，当你处于失败的阴影当中，不要停下脚步，只要确定目标正确，就一直走下去，这样的自己一定能带着你走出逆境的阴霾，最近看到山顶的景色。

逆境看起来非常可怕，但实际上没有任何逆境是绝对的黑暗。也许你刚刚陷入逆境的时候，会有所彷徨、绝望，没关系，给自己时间适应和调整，然后在这看似绝望的逆境里寻找可能的出口，不懈的尝试一定会给你希望。因为世界是变化的，所有的事情都是不稳定的，因此逆境的转变也许就在一瞬间，与其蹲在逆境被绝望吞噬，不如像孙悟空那样，在逆境里对它拳打脚踢，也许你还没有意识到自己的绝望，就已经突破逆境，走了出来。

现在，我们要考虑的，就是如何在逆境中战斗。

要在逆境中战斗，首先要懂得观察。乱打乱撞也有可能成功，但是概率太低，效率太差，我们的青春年华如此宝贵，怎么能浪费在逆境里呢？因此，当你发现自己被困住了，首先要观察一下环境，平心静气地思考自己可能出现的问题，收集所有有用的信息，让自己的每一次出击都能够给逆境带来不小的冲击。在逆境中战斗，就好像现在流行的密室游戏，线索一定是有的，只要你肯观察、肯分析，那么你一定能走出来。如果你想着用蛮力去破坏，那可能只是疲于奔命，毕竟你没有哥斯拉怪兽那样反人类的破坏力。

在逆境中战斗，要敢于创新尝试。逆境有时候等于困境，并不是说一个人的失败，而是一个人无法前行。这时候对于某些人来说，想要突破瓶颈就需要创新，在自己已有的基础上，打破一些东西，创新一些想法，用一些新的思路来解决问题，会达到出乎意料的效果，既然已经困住了，那就不要害怕尝试，既然这个世界充满了变数，那就让我们比世界更加“善变”，我想如此一来，逆境也自然不是你的对手了。

在逆境中战斗，当然最重要的还是贵在坚持，这一点我们在前文里已经反复提到，毕竟做什么事情，只有三分钟热度是不可能完成的。所以，如果你想要战胜绝望，那就做好打长期抗战的准备，让自己变成一个有耐心的人，“我不怕时间久，只要我在往前走”就是这么个意思。

逆境在每个时代都有，但都具有每个时代的特色。凡成功者，不穿越逆境的寥寥无几。那些能够坐享长期成功宝座的，都是在逆境中和它大战了几百回合的勇士或者斗士，也只有在逆境中锻炼、修炼才能让自己成为一个能够摆脱脆弱的人。面对脆弱的内心，给自己强大的理由，给自己强大的动力，让自己能够在时代的浪尖上冲浪，而不是被无情地拍在沙滩上。

第三章　规律背后的规律

人生不是一张一成不变的图纸，沿着条条框框，你永远无法走出属于自己的美丽画卷，我们需要规律来指引，但是我们不能指望规律的保护。遵守一切规律显然无法帮助我们避免挫折和失败，无法让我们的生活告别不确定性。逆境中的世界，是否有新的规律可循？生活不易，如何才能在混沌的逆境中重新找到阳光？

斯巴达人的剑——抱怨无法让你前进

斯巴达人，以孔武有力著称，典型的战斗民族，每个男孩子从会走路开始就要学会如何战斗。有一天，一个斯巴达男孩在练剑，他反复地练习刺杀，可就是没办法刺中目标，他很沮丧，把剑丢在地上，对他母亲抱怨说："我的剑太短了！"男孩的母亲并没有安慰他，只是淡淡地说："孩子，剑太短，你往前进一步，剑不就长了吗？”

抱怨，是这个世界上最无力、最浪费时间的一种行为。尽管这是个人人都明白的道理，但生活中却随处可见抱怨的人：抱怨社会不公平，抱怨自己运气差，抱怨自己遇人不淑，抱怨自己过去没有好好努力，如是云云。抱怨，无处不在。但是抱怨之后呢？除了浪费了口舌和时间，对想要解决的事情，起不到任何作用。也许适当的抱怨可以帮你排解负面的情绪，但是无止境的抱怨，会把你拖入无法前进的深渊。与其抱怨你手中的武器，倒不如省下力气，磨磨刀吧。

人们常说要有效率地工作，要让自己以最快的速度成长。那么想把有限的生命，用在无限的成长上，就请你闭上嘴，从这一刻开始，不要再把时间全部浪费在抱怨身边的人或者事上。停止抱怨的脚步，让大脑开始运转，让自己的行动出现转折；只有不爱抱怨的人，才会把全部的时间用在通往成功的道路上，而不是在逆境中无休止地做一位“祥林嫂”。

耕种了一年的庄稼，忽然被一场洪水彻底毁掉，农夫可以坐在田埂边上哭，也可以开始考虑用洪水带来的肥力，为明年获得丰收做好准备。家道中落的曹雪芹，完成了《红楼梦》；德国少年亨利·内斯特莱，突破重重困境，创建了雀巢公司。他们也是普通人，和我们一样，在逆境中会抱怨、会绝望，然而他们都以最快的速度找到了新的目标和希望，放下负担，才能奔向新生活。

不抱怨的世界才是我们应该期许，努力进入的世界。但是很多人会说，我没有那些社会精英的自制力，看到让自己不舒服的事情，就想抱怨几句，那怎么能控制自己这种情绪呢？

对于这个问题，与其控制抱怨情绪、压抑抱怨情绪，不如去疏导这种情绪。

首先，当遇到让自己感到非常不爽、想要破口大骂的事情时，尽量让自己先不要脱口而出，你可以默默地转身，走到没有人的地方，深吸一口气，告诉自己：“世界多么美好，我却如此暴躁，这样不好！”虽然这看起来很像是开玩笑，但如果你尝试了之后会发现，这种自我放松的方法还是非常管用的，当你深呼吸，让血液中的氧含量上升，大脑就会清醒，心情也会更加平和，当你对自己说要放松，就相当于最初级别的心理暗示，这种方法一定能够让你在想抱怨的第一时间冷却下来。

然而，当自己冷却下来的时候，你会发现有时不是你想要去抱怨，而是这个世界槽点太多，不得不吐之。比如你看到领导偏袒自己的“关系户”，对你的努力视若无睹，你很想抱怨一下社会的不公正，当你好不容易冷静下来，却发现这种不公正丝毫没有改变，反而在愈演愈烈。这时候，该怎么办呢？在这里我建议，当你发现环境无可改变的时候，请你改变你自己。因为环境不可能去适应你，所以只能是你调整自己的心态去适应环境。你发现领导不公平，那就做好自己的每一件事情，更出色地把每件事情做到120分，让公司里所有人都看到你的出色，让领导无法不接受你的优秀，这是一种非常积极的“报复”行为，但是需要强大的心理承受能力和极强的坚持能力。如果你觉得自己比较脆弱，那就不妨调整心态，让自己先变得强大起来。在逆境中，你会发现，只有“我能过得更好”才是最有力的反击。

最后，所有的负面情绪都需要一个出口，这种出口有时候并不是要你一定要把情绪说出口，我们也可以运用其他方法去排遣，这就是著名的转移注意力大法——比如说跑步、游泳、打球、登山。这种有氧运动，可以加快新陈代谢，可以增加造血细胞功能，让你不再感到心闷气短，让你不再觉得自己是社会上最可怜的人。同时，当你的身体感到非常疲惫的时候，负面情绪则会更好地排遣出去，因为你会发现，生活绝对不是一无是处，你能获得的还有很多很多。

说了这么多抱怨的“坏话”，你一定认为抱怨是你快乐的仇敌。实际上并非如此，让我们来扭转观念，换一个角度看看抱怨。一个人总是抱怨，说明他对生活有自己的期许，一个人总是抱怨，说明他对自己还有更高层次的追求。我们之所以反对抱怨，是因为人有一个奇怪的习惯，就是当他把责任推卸到其他原因上之后，就放弃了前进、放弃了努力，他自己会说服自己“就算我努力也没用，已经这样了！不是我的错！”——这才是我们要摒弃抱怨的理由。让自己变成一个有期待、有目标的人，先做好自己，再看这个世界究竟能对我们怎么坏，或者，怎么好。

逆生存带给你无与伦比的强大

顺风的方向，利于起飞，而逆风的方向，利于飞翔。这是自然界存在的一条物理法则。细细品味这条定理，你会发现，人生也就是这样。万事俱备的时候，就可以出发起跑，但是永远走得很轻松，那就证明你并没有在走上坡路；只有当你发现举步维艰、辛苦万分的时候，你才在成长，在进步，在飞翔。

姑且把逆境生存称之为——逆生存。逆生存能带给你强大，在一个百废待兴的时代总是能出现许许多多的豪杰，正所谓乱世出英雄。当环境非常恶劣的时候，竞争选择就会更加严苛，那么在这种条件下能够成长起来的人，则有着坚实的体魄、强大的内心，以及超群的智慧。然而，我们身处于一个和平的年代，没有战乱、没有金戈铁马，但是竞争和压力无时无刻不充斥着我们的生活。那么面对这样的时代，该如何逆生存，就成了想要成功必须学会的一门高深的功夫。

很多人都喜欢看金庸和古龙，里面的大侠一个个潇洒飘逸，武功了得，心胸宽广，简直是人之楷模。所谓大侠，都要练就一身绝世武功，才能有出头之日。但是在看小说的时候，不知道你发现了没有，几乎每一种神功的练就都辛苦非常。就算你是一个非常具有武学天赋的人，也需要一招一式地日日苦练，从三岁练到二十三岁，整整二十年的苦心修炼才能换得你在江湖上“大侠”的地位。

这时候，有人说了，那虚竹没有练习啊，他就是运气好，破了珍珑棋局，就从玲珑子那里获得了七十年的武功修为，这又怎么算呢？当然，虚竹确实没有苦修武学，可是他从小在少林寺苦修佛法，在原著里，他是一个被认为没有慧根的和尚，但是他始终没有放弃修行自己的佛法，于是二十年后，他才能破了难倒诸位才俊的珍珑棋局。如果一个人，被所有人否定了二十年，还没有放弃，那这个人的心智已经证明了他是一个有过人之处的人，一个值得获得成功的人。换作你，你是否真的能做到呢？

几乎所有的成功者都有一段辛酸的历史，例子根本不用举，随便打开一本励志书籍，里面到处都是这种“越努力，越幸运”的故事。就像所有的大侠都必须有一段不堪回首的往事一样。这些事情只是要告诉我们，每一个逆境都是一个重生的机会，当你觉得自己掉进悬崖、无路可出的时候，可能就是你寻找世外桃源、练就绝世武功、取得天兵神器、抱得如花美眷的时候。现实生活可能没有这么夸张，但是，逆生存给你带来的人生财富绝对不止你表面上看到的那么简单。

既然逆境不可逃避，想要生存，就必须懂得逆生存。只有小孩子才会认为世界是美好的、世界是公平的，因为他们还没有经历世事，还没有品尝世间疾苦。而我们是成年人，我们必须清楚地意识到，这个世界本来就不是完美的，本来就不是公平的。完美和公平从来都是相对的，当你站得足够高，那么世界对你来说就是公平的，当你在沼泽里站着，泥泞的生活只能让你认为命运对你是如此不公。

害怕逆境，想要逃避成长所必须经历的痛苦都是不可能的。想要获得逆生存的能力，就必须做到：

第一，放下自己的自尊心。不要觉得承认失败是一件多么丢脸的事情，输了固然很尴尬，但是输了还不承认更是一种幼稚的表现。放下你的自尊心，当你在逆境中，请首先承认自己确实遇到了困境，不要打肿脸充胖子，死不承认。这不是有骨气，这是没勇气。当你承认自己失败了，才有可能进行反思，才有可能听得进去别人的意见，才有可能走出逆境，获得成长。

第二，建立自己的自信心。逆生存中最重要的智慧就是相信自己。没有人能够预言，逆境持续的时间，也没有人能保证你做了什么样的改变就一定能获得成功。面对一切的未知，你能给自己的就是相信。在逆生存的过程中，培养自己的自信，这种自信一旦建立，不论你以后遇到多么可怕的障碍，都无所谓，因为你相信自己能够克服。只有相信了，才能做到，只有相信了，才能坚持。

第三，保留自己的童心。诚然，只有小孩子才认为世界是美好的。但是这份童心，不论何时请你一定要保留，哪怕只有一星半点。在逆生存的过程中，你会见到这个世界上最丑陋的人性，或者最卑劣的手段，而这份童心能够让你善良，而善良则会带给你内心的平静。请你一定要保留自己的纯净，不要让自己被那些肮脏腐蚀，用这种肮脏获得的成功只是昙花一现，这种铤而走险去以伤害别人利益为基础、达到自己目的的行为是不可能长久的。因此，不论你看到了什么，不论你觉得这个世界有多么的不尽如人意，请你不要放弃对世界美好的追求和向往。要记住，只有内心像金子一样纯净的人，才能拥有最有价值的人生。

不论怎样，在逆生存中，让自己变得强大，让自己变得坚持、变得自信。当你足够强大地走出逆境，你就会发现，这个世界是怎样的与你其实并无多大关系，不在乎这个世界怎样，只在乎自己能做到怎样，才是一个人应该关心的事情。

逆境是人生的充电器，当你在逆境中摸爬滚打，吃尽苦头，你就会发现世界已经没有什么可怕的了，因为你已经战胜了最大的敌人——自己。当你涅槃重生，如凤凰一样逆风飞翔的时候，俯瞰世界，你就会发现，世界一直是这样，美好一直在你的心中。

黑格尔的太阳

《圣经·旧约·传道书》第一章第九节说道：已有的事，后必再有；已行的事，后必再行；日光之下并无新事。这句话后来被著名哲学家黑格尔引用为："太阳下面没有新事物。"从哲学角度来讲，任何事物的产生都有其背后的规律，甚至在规律的背后也有着规律，正是这些规律组成了我们生活中的点点滴滴，控制或者引导着我们的世界正常地运转。

我们生活在规律当中，我们顺应这些规律从事着各项生产劳动。但是许多人从来不去思考规律背后的意义。黑格尔说太阳下没有新事物，就是他认为没有任何一件事情是凭空就能出现的，如果你遇到了困境，那一定是你自己造成的；如果你受到了伤害，那一定是你伤害过别人，因为太阳是永恒不变的，所以任何事情都是有因有果的。

看清楚事物发生的本质，是我们对抗逆境的一个重要前提。在阳光太闪耀的地方，我们往往看不清楚前面的道路，因为反射的光线使我们迷失方向。如果在逆境中，我们依旧无法看出事情的前因后果，那我们只能永远被困在同一个地方，就算暂时逃脱，也终究无法跨越这个瓶颈，无法走出当前的逆境。

科学探索就是一个寻找因果联系的过程，癌症为什么发生？人类为什么是人类？我们为什么是现在这个样子？是因为环境需要，是因为优胜劣汰，是因为要获得更多的生存资源。南极的冰架融化，为什么会导致全球极端气候丛生。这一切的一切就是自然存在的因果联系，倘若不了解，那就只能坐以待毙，或者撞运气。只有我们了解了因果，才能预测，能够预测，才能做好充分的准备，才能让整个社会和人生不惧怕灾难的忽然降临。

由此可见，事物之间的因果联系有时候对我们的人生会起到至关重要的作用。这不是哲学，这是最最实在的人生智慧。你每天在做的任何一件小事，都有可能会影响到你今后发生的某件大事。这就是我们常说的“冰冻三尺非一日之寒”。在你陷入困境的时候，是否能够思考一下，你是从什么时候开始走入困境的？从进入困境的入口，到你彻彻底底地深陷其中，这中间究竟发生了什么事情？有没有什么线索是可以让你避免走入困境的？而你又是如何忽略这些线索，一头扎进来的呢?

如果你能够将上述问题思考清楚，那走出困境，也就是早晚的问题了。

一个企业如此，一个人也是如此。我们反复强调人的成功需要千锤百炼，一个企业的辉煌也需要无数人的坚持不懈。我们不是天才，我们也没有雄厚的资本，唯一能做的就是比别人更用心、更留心、更努力做好每一件小事。把所有的事情都拿出来，摊在阳光下，弄清楚它们之间的因果联系，预测可能会出现的问题和状况，这就是我们为了摆脱困境做出的最好的准备工作了。

黑格尔说：“纯粹的光明就像纯粹的黑暗一样，看不清楚任何东西。”是的，如果成长中遇到的全是顺境，如果生活中的道理你觉得自己全都懂，那这并不是一件好事。全是顺境，可能是你根本在逃避，或者你根本没有接触到真正的社会，你也没有真正走在成功的道路上；你觉得道理你全都懂，很有可能只是你的一厢情愿，生活根本都没有跟你真正过招。

逆境就像是光明和黑暗交织的灰色地带。在这里你可以看到美好的希望，也可以察觉到绝望的可怕。只有在这里，你才能悟出人生真正的因果联系，只有在这里，你才能真正地懂得生活。这就是逆境背后的意义，也是逆境可以送给我们的最好的礼物。

也许现在，你还无法领悟逆境的魅力。没关系，看不懂的事物并非没有价值，还没有战胜的敌人，也绝不是不可战胜。不要害怕这片灰色，不要害怕踏入这片不毛之地，当你真正地学着成长、学着思考，你就会发现逆境带给你的绝不是痛苦的绝望，而是希望的重生。

不透明的规律

当我们了解了逆境的定义，了解了逆境产生的原因，如果我们能够进一步认识逆境产生的规律，那么逆境于我们而言，就变成了一个训练场、一个教会我们成长和努力的环境、一个过程，而不是一个让我们种植苦难和绝望的死地。

自古以来，许多哲学家都热衷于考察生活的真正奥义，都想要发现生存的真正规律。各个领域、各个阶层的人都努力地想要把规律统一化，因为就好像你顺着正确的方向就一定能到达成功的彼岸一样。每个人都想要知道，成功究竟有没有正确的道路，究竟有没有一条规律，是我们只要遵守，就可以避免苦难、直达幸福的呢？

规律，是自然运作的基本方式。就像我们的宇宙中1+1=2一样，是最简单、最基本，也是最不可违抗的一种定理。然而，生活远远比1+1要复杂得多，我们不可能规定自己每天要走多少路，每天要讲多少句话，每天要吃多少饭、喝多少水。如果说规律最大的优点是不论什么情况都可以进行量化和比较，那么生活最大的复杂，就是没有一定，无可考量。因此，想要从书本上掌握逆境的生存规律，想要像学习加减乘除一样，学习通向成功的道路是不可能的。

有些励志学家把成功写成一些简单易懂的方程式，看起来非常有道理，但实践起来却有着非常大的困难。比如说牛顿那句“天才就是99%的努力加上1%的勤奋”，听起来非常正确，就好像一个真理，但是难道我们真的付出百分之百的努力，不论怎么样都能成功吗？显然不是，生活不是简单的方程式，成功更不是。如果你想用纯粹的理论去打破逆境，那只能说你实在是太天真了。只有通过逆境中奋斗的实践，才能真正地走出逆境，这也是逆境的唯一规律了。只有通过实践逆境才能走出逆境，只有在逆境中战斗过的人，才能获得打破逆境的力量，这就是所谓的逆境规律。

看到这里可能很多人都很绝望，因为有些人一直以来都是想要摆脱逆境，避免跟逆境发生任何交集，每当他们进入逆境的时候，要么他们歇斯底里地抱怨，要么干脆就轻而易举地选择放弃。对于这些不想经过逆境就走向成功的人，逆境的规律就会显现得无以复加——那就是你永远不可能获得成功。

逆境中有许多规律是你根本看不到的，而且每个人在逆境中遇到的问题也完全不同。有一条特别重要的逆境潜规则是——在逆境中脆弱的人，会变得更加脆弱，而强大的人，则会变得更加强大。这也就是我们所说的看不清楚的规律，是因为其多变的脆弱。逆境中你找不到像万有引力这样强有力的规律，完全摸不着北，就是很多人陷入逆境之后的第一感受。这时候如何克服自身的脆弱，找到逆境的脆弱去打破它，就成了决定你成败的关键。

我们每天有这么多人为了一个工作岗位去竞争、去应聘；每天有这么多人为了一个项目去投票、去申请；每天有这么多人为了一次成功的机会去拼命、去创新。我始终觉得这个世界上最最真实有用的规律就是——成王败寇，弱肉强食。而王者都是经过无数次的战斗成长起来的，生活在我们这个时代，如果没有栽过几次跟头，你出门都不好意思跟别人打招呼。因为细皮嫩肉的人，一看就知道从来没有经历过风霜雪雨，自然也不会有什么人生感悟，这也就是我们说的“温室里的花朵”，看着好看，外强中干。

面对看不见摸不着的逆境规律，我们应当如何去做？八个字——胆大心细，勇往直前。

只要不是反人类、反社会的行为，在逆境中，想要大胆尝试绝对是可以的。比如你的产品销售进入了瓶颈，同行竞争越来越激烈，你的优势也越来越小，那么你就要加快研发速度，让你的创新产品能够占有更大的市场。研发新产品的成本也许会高，新产品的发售也有可能失败，但是如果你不去尝试，那就只能在日益发展的同行中被埋没，最后沦为不会有人记得的“过去”。

心细，指的是不要盲目。就好像你进入一个迷宫，不要一条道走到黑，不要不管不顾地乱跑。你进入逆境，很迷茫，很慌张，这时候更需要你学会细心地观察每一个可能给你帮助的机会，需要你细心地采取每一个可能救助你的措施。心细是帮助你在逆境中尽可能减少受伤程度和打击的有效武器。

勇往直前，在逆境中，选定了目标就要努力坚持下去，半途而废，只顾抱怨，只能让逆境规律把你彻底打败。站起来，像一个刚学会走路的孩子一样，小心却又充满好奇地往前蹒跚，当你看到光明的出口，一路小跑，看到的就是成功。

这就是逆境中的规律，摸不着的规律，脆弱的规律。逆境中的规律就是根据你的心态时刻发生改变，你强的时候逆境会渐渐褪去，你弱的时候，它会飞快地过来将你打趴下。逆境的规律是你必须要走过逆境，才能获得成功；逆境的规律是你必须要学会成长，才能打破逆境；逆境的规律是你只有相信自己，才能从逆境中吸取养分，获得繁荣的希望。

混沌中的鱼，没有方向

逆境中，有一类人比一般人更容易灰心、更容易泄气，这种人就是那些没有目标的人。目标，是人前进的一盏明灯，人们常用在大海上迷途的小舟来形容那些生活没有目标的人。就算是在人生特别顺利的时候，没有目标也会让人颓废，让人变得懒惰，生活没有斗志。何况是当人身处逆境，如果没有目标，那简直就是一条在鱼缸里乱撞的鱼，必然是没有出路的。

射箭必须有靶心，迷宫必须有出口，唱歌必须有谱子，登山必须有顶峰。这些普通得不能再普通的道理，说明了做任何事情都必须要有一个明确的目标。目标越明确，你就越能有动力去实现，就像是当人看到终点线的时候，不管是不是已经筋疲力尽都能够再奋力一搏。在大海上遇险，就算是已经游得毫无力气，只要忽然有人喊："看哪，那儿有一条船！"每个人一定能爆发出毕生最最强大的能力，游向那艘船，因为有了目标，他们要活下去，于是实现的过程就会付出百分之二百的努力。

目标对于任何人来说都是不可或缺的。平凡的人有平凡的目标，伟大的人有伟大的目标，但是我认为只要是实现了自己的目标，那就不分平凡和伟大，都是成功的。

那么，我们应该如何确立自己的目标呢？

因人而异。目标不是看起来高大上就一定是好的，只有符合你实际情况的目标，才是最理想的。一个学生这次考了60分，结果下次给自己定了一个100分的目标，这就是在胡闹。目标一定要为自己量身打造，了解自己善于做什么事情、能够做得更好吗，看看自己的兴趣在哪里、潜力有多少等等，只有这样制定出来的目标，才有意义，才有实现的价值。

因时而异。目标不应该是刻板的、一成不变的，因为人随着时间的推移会成长，也许这个目标在五年前你看起来是个非常宏伟的目标，但对于现在的你，这个目标就是轻而易举就能完成的。那这就意味着你需要开始制定一个更高层次的目标，千万不要躺在已经实现的目标上睡大觉，那样的懒惰只会让你成为那只贪睡的兔子，永远到不了终点。

因地而异。目标的制定，不光要考虑自身的条件，也要考虑你所处的环境。我们虽然说人的意念是最大的动力，但并不是说有了想法就一定能成功，客观地考虑你身边的各种条件，是否具备让你实现目标的基础。如果没有达到基础，那么你就应该降低你的目标，先实现最基本的条件，再进一步制定更宏大的目标。盲目地强调主观能动性，也是会被现实的社会狠狠教训的。

逆境中的人，最容易迷失，容易忘掉自己本来的目标。因为逆境中的绝望和灰色会遮住你的双眼，让你无法想起最初的自己是用怎样的热情起航的。就好像你走入一个迷宫，本来就有很多岔口，可是偏偏你眼前又充满了迷雾，什么都看不清楚，于是你只能越来越绝望，在逆境中忘记自己最初的理想，变得庸庸碌碌，毫无作为。

当我们遇到困难，或者当我们身心疲惫的时候，请努力回忆当初的自己，回忆当初那个看似不成熟却充满热情的自己，让自己能够在逆境中重新拿起武器，不断战斗。

在混沌中寻找方向，靠的就是心中那个屹立不倒的目标。在你失败的时候，扪心自问，你是否尽力了，自己的目标是不是有决策性的错误？如果没有，那就是行动上的失误，不要等，不要拖，不要把自己的决心消磨在逆境里。重整旗鼓，朝着心中的目标前进。

在混沌中寻找方向，靠的就是脑中最清晰的蓝图。每个人在准备干一番大事业之前，一定都会有一个规划，然而规划永远都只能是规划，世界的变化永远都让你措手不及。当变化发生，不要慌张，条条大路通罗马，有时候“曲线救国”也未必就一定是浪费时间。

的的确确，逆境是灰色的，没有温暖，都是绝望，人在逆境中，就好像一条上了岸的鱼，连呼吸都是痛的。然而如果在逆境中，我们仍然有自己明确的目标，脑子里有清楚明确的思路，知道自己该如何做，知道自己最终要去的方向，那么我们就能够不怕任何黑暗，继续前进。

人生没有哪一条规律规定了你如何才能成功，但是人生确实有些事情你必须去亲身经历，没有人能替代你，没有人能帮助你，只有你自己能够让自己获得这些能力，这就是穿越逆境的能力。明确你心中的梦想，不要抱怨，失败了，跌倒了站起来，好好反省，总结教训，不停不歇，朝着你自己的灯塔划过去，不要管四周的黑暗，不要害怕神秘的风暴，你就是你，最强大的你，是任何逆境规律都无法阻挡的。

第四章　测不准原则

大数据，从几年前开始进入人们的视野，成为神一样的存在。因为从大数据中做出的预测模型，可以帮助我们应对追求成功路上各种的不确定，这简直是我们梦寐以求的保障。对于预测的疯狂追求，从一个侧面反映了人们对于不确定性的恐惧，也说明了人们在随机世界中的脆弱和恐惧。我们焦虑、恐慌，我们排斥一切测不准的事物。但令人绝望的是，这个世界本身就是随机的，是无法预测的变数，而这个世界，也因为无法完全预测，格外精彩美丽。

表象与本质——预测变数

我们喜欢预测各种各样的事情，就像我们喜欢规划自己的人生，从每天的行程到十年的规划，我们不遗余力地想要将命运掌握在自己手中。有了这样的预测，人心就会有安全感，就会觉得踏实，不会彷徨。但变化无处不在，你永远不可能算无遗策，运筹帷幄是有限度的。测不准才是这个世界的真相，这就是现实，这就是生活的真相。

早些年，美国出了一本畅销书——《谁动了我的奶酪》，书里面用两只老鼠的故事告诉我们，不要害怕改变，当你待在顺境时间久了，就会变得麻木，就会无法做出正确的预测，因为你对环境已经缺少了最起码的敏感。守着你的奶酪，慢慢无法察觉奶酪越来越少，直到坐吃山空的一天，还会以为这一切灾难是突然降临的。这本书告诉我们，变化是生活中的常态，我们要时刻保持警觉，像瘦老鼠一样，一旦发现情况有变，就穿上鞋子追着时代而去，有时候向前跑并不是为了成功，而是为了生存。

与此同时，我们应该了解到变化的种类，有些变化是来自表面的，有些变化则是来自本质的。本质的变化，是事物的基本运作方式发生了改变，这种改变发生的时间长，不易察觉，但是产生的影响巨大，难以预测；而表面变化则是可察觉的，容易发现的，但是没有预测的价值，因为通常当变化已经大到表面都可以看出来，那就说明这种变化已经进入了后期，不论你是不是去预测都不会影响它的走向。

从某种角度来讲，我认为本质变化要先于表面变化产生。就像是一个腐败变质的苹果，当我们看到苹果表面出现明显的黑化软化的时候，苹果内部已经溃烂得不成样子了，而实质性的细菌细胞滋生，则发生在表面腐败更早之前。因此，如果真的想要通过对环境的敏锐观察，来避免不好的变化给我们带来的冲击，那么我们最应该去观察的就是——本质变化。

观察，是所有生物生存的本能。

大部分群居的食草动物，都会专门有一部分的个体负责观察，当大家都在吃草，必须有人紧盯着周围，有没有捕食者出现、有没有危险靠近，这就是对潜在危险的观察。没有任何一个羊群、牛群，会是在看到捕食者出现的时候才奔跑起来。只有随时观察附近一草一木的变化，才能最大程度地避免和减少整个种群的损失。这就是生物的本能，察觉危险的敏感度，就是一种决定生存率的本能。

对客观环境的敏感度，直接影响了一个人对变化的预测能力，这种预测能力就是我们在逆境中生存的一把利器。比较沮丧的是，这种敏感度并不是人人都能有的，想要获得这把利器，后天的不断经历和磨炼，是不可或缺的，这也就是大数据的力量，大数据之所以“大”，就是因为它是长期保存观察下来的数据，而这必须经过时间的积累，通过发掘，才能产生巨大的力量。

当我们无法去预测生活中可能发生的事情，为什么会感到不舒服？这就是人的内心安全感在作祟，当一件事情能够按照你内心的期望走下去，你就会觉得非常舒服，整个世界仿佛都开满了花朵，万事顺遂一直是一句祝福，因为它是我们一直追求，却又一直无法永远拥有的东西。当生活中有一件事情出乎预料，人就会开始抓狂，这是为什么？因为当一个变化出现，就意味着接下来你所有的准备工作可能都白费了，这一个小小的改变可能打乱你的全盘计划，让你不得不重新计算每一步，想想就够了。更有甚者，一些突如其来的变故，会直接打得你措手不及，有时候变化发生的时候，你根本来不及补救，就已经败下阵来。

也正因为如此，人们害怕变化，害怕预测不到的事物和规律。除此之外，人们还对变化中的未知感到焦虑。生活中，一旦有莫名其妙的事情发生，人们就会产生一定程度的恐慌，原因是我们不知道接下来又会发生什么，会不会有更糟糕的事情。比如说毕业生忽然从学校毕业感到迷茫，因为他们不知道自己的职业生涯该往哪里走；比如一个人到达事业巅峰的时候会迷茫，因为他找不到自己的下一个目标；比如说一个人忽然失去了至亲的人会迷茫，因为他不知道自己那多年的亲情该如何安放。每当人们不知道该如何做的时候，人们就会感到迷茫、感到恐慌。这也属于一种变化，这种变化大多是不可预测的，包含着极大的未知数，也是造成人内心极度不安全的重要因素。

面对无法预测的变化和未知，我们该如何磨炼自己的心智，让自己不再害怕这些测不准的东西？首先，必须要接受无法预测是事物发展的普遍情况，如果每一件事情都可以有迹可循，那这个世界上也不会成功的人少、失败的人多了；其次，通过在社会实践中积累经验，提高自己对事情的敏感度，让自己可以在小范围内预测事物，在大范围内感受事物的变化过程，当你已经知道变化有可能出现，就能够降低变化出现时你内心的波动；最后，不要害怕预测得不准，每个人都不可能知道自己的命运，也不可能预测到明天究竟有什么事情会发生，所以当你发现结果与你之前预想的不同不要害怕，坦然面对，你可以这样告诉自己“我就知道会是这样”，在这种心理暗示下，也可以使你更加坦然地接受测不准的情况。

面对变化中的未知之数，我们需要的只是那么一点儿胆量。第一个吃西红柿的人，第一个把齿轮应用到机械中的人，第一个用风筝去取电的人，第一个尝试用蒸汽开车的人……这些人并没有比我们厉害多少，他们只是比我们多了一点儿胆量和好奇。当你懂得那些未知数里面含有的价值，当你知道危机中间是由危险和机遇组成的，那么多一点儿好奇、多一点儿胆量，你也能从未知中取得自己的收获。

2017年，《明日之子》的舞台上，一个戴着眼镜看起来有些害羞胆小的男生，凭借其深情的词曲、动听的嗓音，一举夺得年度总冠军，让所有人见证了他追逐梦想创造的奇迹。

他，就是毛不易。

在这之前毛不易只是一个男护士，有着普通的工作、普通的生活，他在自己的生活中体会了各种各样的心情，写下了许多属于自己的歌曲，没有华丽的高音和喧闹的节奏，静静地打动着每一位聆听的人，后来人们称呼他为“少年李宗盛”。

在《明日之子》的舞台上，毛不易把自己最精彩的一面释放了出来，让世界为之惊艳。这个怀揣梦想并为之不懈努力的害羞男孩做到了，因为有梦想，他的人生便注定与众不同。

预测不准确是生活的常态，也是你一生要经历的主题。人的生活绝对不是一支平淡无奇的练习曲，而是一场规模宏大的变奏交响乐。很多乐器都在你的乐章里谱曲，合音单音，高音低音，这些错综复杂的音符才组成了最美妙的和弦。变化，是这个世界上最美好的词语，它告诉我们一切皆有可能，不要害怕未知，学着从未知里面感受到自己可以获得的价值，在危机中，敏锐地判断出危险，大胆地抓住机会，这就是一个人脱颖而出的最好策略。

天气预报的雨总是下不来

不知道是从什么时候开始，天气预报不再是百分之百的准确。有时候明明天气预报说今天是晴天，到傍晚忽然就是一场瓢泼大雨；有时候天气预报明明说有雨，可天气却像烤箱一样炙热。在这里我们当然不是说天气预报一定不准，而是它并非像我们想象的那样百发百中。

人们通过卫星观测大气运动，观测云层图像，由此来推断某个地区是什么样的天气。然而再高端的卫星，也有观察时间限制。自然是不可能给你百分之百按照常理出牌，忽然的一阵大风可能就把云彩吹到了另一个城市；突如其来的地壳运动，也可能制造一场毫无预警的大灾难。这些并不是我们的卫星不够好、我们的预报人员不够敬业，只不过是自然界发生的事情，没有人能够说百分之百预测准确。如果你足够细心的话，现在的天气预报已经不再仅仅告诉你下还是不下雨，而是都有一个降雨概率，我个人认为这就准确多了。因为这个世界本就不可预测，能够预测的只有发生的概率而已。

我们把天气预报的道理平移到我们的生活中来。有许多事情我们已经用尽了最大的努力去计算，可是到头来，结果还是和我们想的不一样，甚至是完全不一样。好像很多人都感觉，我一洗车天就下雨、我带了伞就一定是大晴天，事情仿佛总是不能如我所愿，真是气杀人也。

事实上，当你的结果没有达到自己预期的效果，我们要做的一定不是去责怪谁没有尽心尽力，我们在考虑结果的时候，一定要加入足够的变量。换句话说，如果你在一开始计划的时候，就引入足够充分的变量，那么结果是怎样大概也不会让你太吃惊。

当面对不尽如人意的结果，我们一定要懂得，不如意才是生活的常态，事事顺心也就只是过年拜年时说的一句客气话罢了。当我们发现事情的结果不如我们预期的好，就要按照下面的步骤思考，对自己进行心理重建：

这个结果究竟是我们没有预计到的，还是我们逃避了这种可能性？有些人有一种能力，就是回避某些不尽如人意的可能性，这种心理我们称之为侥幸心理。比如在策划一场活动的时候，有两台音响，但是有一台时而会出故障。不过主办方认为也不一定会出故障就没有进行维修或者更换，另外他们认为就算一台出问题，也不至于背到两台同时坏，因此就这样进行了活动，结果却真的就是这么背，两台音响都坏掉了，这也是著名的墨菲定律——当你担心会发生什么事情的时候，这件事情就一定会发生。因此，在我们最初设计计划的时候，请尽量不要抱着侥幸心理，也不要回避任何可能出现的问题。

没有达到预期效果的结局，究竟是人为引起的，还是不可抗因素引起的？这两种情况有本质的区别，就比如我要办一场大型演唱会，但是因为宣传工作不足，导致上座率不理想，这就是人为原因；而如果是因为我想要办演唱会的当天地震了，或者天降瓢泼大雨，不得不取消演出并退票，那这就是不可抗力因素。在分析的时候，对于人为因素，只要找到了，就可以在以后的工作中做出调整，而对于那些所谓的“天灾人祸”，我想既然避免不了，那以后也就把它们当作变量，从一开始就考虑吧。

当你认为结果没有预期的效果好，不要一味地要求达到自己的心理预期，有时候没有达到预定结果，并不等于一个失败的结果。讲完美主义的人会活得非常非常疲劳。比如说，有些事情虽然没有达到100分，但是95分的成绩一样是优异的，也是令人满意的。这时候你却因为没有得到100分而郁郁寡欢，那就显得有点儿过于较真，不太有利于你继续进步。

不管怎么说，当生活中的点点滴滴跟你想象的不一样，不要沮丧，不要觉得是自己不优秀，不要觉得是自己的目标定得过高或者过低。不可预测的结果可以由很多因素造成，绝对不会只是单单因为某个人或者某个原因导致你内心的落差。

当我们面对这些不尽如人意的结果，如果我们确实尽了全力，那么不妨阿Q一点儿，告诉自己，“这次失败也不过就是偶然，再给我一次机会，我一定能做得更好”；如果因为一些外力造成了你的失败，那么就请你下次的时候把这些外力集中调整，尽量让自己的结果少受它们的干扰。然而如果你的失败是因为你的不尽力，那么没什么可说的，既然你想要一个令自己满意的结果，就请你先做出一个令自己满意的姿态吧。

飞流直下——旋涡效应

变化除了带给我们措手不及之外，也可以赐予我们新的机会、新的希望，走上更高端的路线，这些变化，我们称之为正向变化。但是，也有一些变化，是消极的，是打击人心的，是会让我们身入逆境的变故，这些则是反向变化。好的变化我们姑且不谈，毕竟面对好的变化，比如升职加薪、跳槽创业，每个人都会充满热情，积极努力地往上走，在前进的过程中，需要的只是胆大心细。

那么，那些反向变化，就没那么容易用热情对付了。我们说的反向变化几乎有九成都是不可预测的。而且反向变化还有一个特点就是——多米诺效应，就是一旦一个消极的变化产生，它就会接二连三地发生更多的消极变化，这也就是所谓的“福无双至，祸不单行”。当那些不可预测的变化发生，人的内心会接受前所未有的考验，因为也许一个打击并不足以击倒一个成年人的心态，但是接二连三的悲剧很有可能会让一些人彻底绝望，无法自拔。

两个走进沙漠的人，同样的饥渴，同样的绝望，可一个也许能看到漫天灿烂的星斗，另一个只能看到脚下漫漫黄沙，越来越绝望。心态也许不能带给他实际的帮助，但至少让他保持了生活的希望和心情，人在得意的时候自然不必说，而失意的时候，你一定会发现，一个积极乐观的心态是多么的重要。

两种不同的心态和人生观，在面对消极变化的时候，会给人带来完全不一样的态度，也会给他们选择两条完全不一样的道路。而我们要做的，说起来其实很简单，就是当反向变化产生，那么不论有多少大楼跟着倾倒，只要人还在，心还在，就不能被打倒，这是一个人内心强大的重要表现时刻。输一次站起来不算本事，有本事的是——总是输，却永远都不趴下。

不可预测的反向变化就好像是在平静的水面上忽然出现的巨大旋涡，我们驾驶着人生的小舟悠然自得地前进，忽然前面有了一个巨大的旋涡，我们猝不及防就掉了进去。这个时候，作为人生船长的你，如果慌乱无助，那么你的小舟很有可能会被粉碎。但是如果你能够冷静地观察，顺着旋涡的水流，借力用力，也许就能将你的小舟重新拉上正轨。

我们说不可预测的变化像是一个旋涡，因为你一旦掉进去，就会跟着旋涡直指水底，而且这种变化之快，有时候你根本来不及反应。对于这种情况，我觉得不如将计就计，顺着旋涡走，见招拆招，方显英雄本色。说到底，生活中的不可预测的变化并不可能直接要了你的命，所以你大可不必害怕自己真的像掉进旋涡里的船一样被撕得粉碎。当你找不到出去的方向，当你发现没有人可以救你的时候，顺应时事，让自己平心静气，警惕地注意着周围可能发生的变化，也许你会发现，水流并没有把你带向地狱，而是把你冲进了桃花源。

反向变化有可能是由于环境产生，就是我们说的有些人就是非常倒霉，复习什么，考试一定就不出什么，喝凉水都塞牙缝。不过这种情况也比较少见。反向变化多产生于人为，比如同事或者竞争对手之间的互相倾轧、互相攀比，甚至有些人与人之间会互相陷害。为什么那么多好友共同创业成功之后反目成仇，为什么那么多夫妻能够共苦却无法同甘?

人心，本来就是这个世界上最最善变的东西。当我们什么都没有的时候，就有一颗赤诚的心，因为没有任何诱惑可以让它变质。而当我们有了自己的筹码，有了自己的价值，那么身边的人心也就跟着走了样。被身边的人陷害可能是最常见、也是最可悲的不可预测的变化，而这种变化不但会让你的事业受挫，甚至会让你的内心也备受煎熬，受到双重打击之后，有的人真的就一蹶不振了。

面对朋友的背叛、竞争对手的陷害，我想我们首先要明白，人心本就如此，没有人能够为你无私地奉献。当你明白这个道理，你就会知道别人并没有做错，他们只是在实现他们的理想和目标。然后，你要学会将计就计，有时候一时的心慈手软就会让自己跌入万劫不复的深渊，生活可不是连续剧，坏人杀死好人前总要长篇大论一番，然后被好人一个暴走干掉，有些人对对手绝不手软，因此本着人性本善的宗旨，不要让自己太弱，如果你真的想守住内心的一片真心，那就请你变得足够强大，让那些负面的情绪都无法影响到你，也让那些别有用心的人都对你无计可施。

面对不好的变化，除了一个人内心的强大和头脑的清醒，我们也要问一句：如果你的事业跌入谷底是不是真的就是世界末日？你是不是没有了这个事业就一无所有了？就算你一无所有了，你是不是完全没有东山再起的机会了？我想这些问题都是没有肯定答案的，每个人的生活中都会遇到这样那样的消极打击，有些很沉重，有些则微不足道。如果我们能够学着知足，学着看到变化中的不变化，比如说一如既往支持你的亲人、一直默默为你付出的爱人，那么他们的感情就是在你觉得一无所有的时候的唯一动力。因此，就算你输了比赛，也不能输了自己；就算你的生意破产，也绝不能让你的人生跟着倒闭。

十拿何以差一稳

说起完美主义，不得不令人联想起十二星座里的五仁月饼——处女座。很多人喜欢抹黑处女座，不论是开玩笑也好，故意吐槽也罢，反正处女座身上仿佛有非常多的信息可以让大家来赏玩。而细细想来，大家总是拿处女座开玩笑，并非真的是针对这个星座，而是大家对那些追求完美主义者的一种无奈的矛盾心态，毕竟我们都希望事事完美，可是这是不可能的，所以对于追求完美主义的人，我们的心态是尴尬的，只好开着玩笑，其实也不知道是在笑他们，还是在笑自己。

在生活中，那些心情容易变得急躁容易失去斗志的人，往往都是对自己要求很高的人。也就是那种什么事儿都计划得万无一失，然后必须让全世界都根据他设计好的路线去运行，最后达到他的目标，这样的世界对他来说才是完美的，也才能让他感到心里踏实，一旦有一点儿走样，他就觉得不行了。打游戏的时候，大家一定遇到过那种动不动就要投降的人，明明才开始，就因为自己多送了一个人头，或者丢了一个buff，就非要投降，这就是传说中的完美主义倾向。而实际上，这个世界上是绝对没有什么完美的，有的只是人心里面对于追求永不崩塌的世界的向往，或者说是幻想。

对于比较优秀的人而言，逆境并不是什么特别重大的灾难，或者说是失败，而恰恰是他们内心给自己制造出来的一个陷阱。当他们以为一切都尽在掌握的时候，忽然之间有一个突发状况，让他们发现自己的人生轨迹居然发生了无法预测的偏离，于是这些人就崩溃了，他们要么就开始持续不断地抱怨；要么就开始持续不断地把计划设计完美而不行动，要么就认为这个世界太让他伤心了，止步不前。

实际上所有关于世界是完美的想法，根本就是你的完美主义心理演化出来的，没有任何一个老师或者任何一个哲学家告诉你，这个世界可以是完美的。就好像以前有一个寓言故事：

有一个农场主买了一个黑人奴隶，他发现黑人的皮肤非常黑，就认为是之前的主人太懒惰，没有帮黑人洗干净才让黑人变得这么黑的，于是他开始不分白天黑夜地去帮奴隶洗刷身上的黑色，最后发现怎么努力都达不到他想要的完美白色，就这么把自己给累死了。

这是一个夸张了的故事，但是这里面说的道理就是，有些事情受到基本客观条件的制约，是不可能达到你自己心中完美的目标的，这跟你是否努力、是否偷懒都没有关系。做任何事情，包括做人，都不要幻想自己能够面面俱到，像神一样预测到每一个变化，完美地应付每一次挑战。

了解自己的短处，知道客观条件限制的人，才能制订出相对完美的计划，因为他们不会只考虑他们心中的问题，他们知道事情的成败往往取决于“天时地利与人和”，想要仅凭一己之力就上九天揽月，实在是有点儿眼高手低。

我们在工作中可以追求精益求精，可以尽最大的努力把每一件事情都做好。但是不要苛求自己做到百分之百完美，人无完人是我们从小就懂得的一个词语，所以我们也要把这种态度转变到我们应对生活的手段上来。每个人的人生都是精彩的，不可能因为有一点儿小小的瑕疵，就有人说你失败了，就让你认为整个人生都白活了。一张白色的画布就好像是生活，要由你来亲自勾勒，画错了一笔或者两笔，要懂得用更高超的技艺将这些旁枝末节也变成可造之才，而不是干脆撕毁整张画布，这就是完美主义下的毁灭性的自我打击。

在现在这个竞争日益激烈的社会，完美主义除了令你自己痛苦，除了让你更加觉得世事无常的可悲之外，几乎不会对你的对手造成任何影响。你推广一个产品，非要做到尽善尽美，有一点儿小的缺陷都不可以，结果对手抢先一步进行了产品发售，你就成了跟风的“山寨货”，这就是完美主义的一个弊端——容易让你错失良机。

有完美主义的人不善于处理生活中的不可预测，他们希望什么事情都做好准备，才能开始动手实现，于是这些人往往在面对高速变化的世界时，显得有些犹豫，考虑有余而胆识不足，时常错过成功的机会。

面对这种情况，我们需要做的，就是大胆一点儿，在已经考虑再三的情况下，需要冒险的时候，尽量也能大胆地迈出自己的第一步。平时多从事一些需要勇气的活动，比如蹦极、登山，或者去水上乐园坐坐过山车什么的，让自己学着放松，学着把自己绷紧的神经稍微调整一下，一张一弛，文武之道。相信你的心细如尘加上一点儿果敢，一定能为你的完美世界增砖添瓦。

面对这个测不准的世界，改掉自己的完美主义，就等于是让自己能够获得更多的成功的机会。当然我们说不要完美主义，决不是让大家不认真地做事情。完美主义和严格要求自己是绝对不一样的。

无论你从事什么样的工作，没有严谨的态度、踏实的行动，那一切都是空想。不论这个世界再怎么改变，脚踏实地地严格要求自己，每一件事情都精益求精是绝对不会有任何错误的。我们所说的抛弃完美主义，只是在严苛的要求上把握一个刚刚好的度，不要太紧，也不能太松。

每当你开始一项工作，问问自己，我考虑得周全吗？还有什么需要考虑的？那我放手开始干吧，我是否拼尽了全力？这个结果是我想要的吗？有什么我需要改进的地方？我这种行为是大胆尝试还是武断冒进？很复杂对吧，生活本来就是很复杂的，如果人像单细胞生物一样简单，那么现在地球肯定还处于原始状态。正因为我们是有意识的生物，我们才有自己的思想、有自己的梦想，才敢于去追求，才敢于生活在这个一切都测不准的世界。

是变数，还是变故

这一章我们聊了很多关于这个世界的变化，关于这些测不准的规律，关于这些看不清楚的未来和道路。如果这个世界上的变化是造成我们心理恐慌的幕后黑手，那我们为什么不干脆摒弃所有可能出现的变化，我们不改变，这样是不是就安全了呢？

答案每个人都知道，显然不是。社会不停地进步，因为我们的生产力在不断提高；生产力不断提高，我们的生活水平也就提高了；人们的生活水平提高后，就开始对生活品质有了新的要求和期望；这些新的要求也就使得我们开始追求更高的社会形态。这就是一环扣着一环的变化，也是人类社会得以延续至今的必胜绝技——发展。

发展是不论一个国家，还是一个人都一生追求的过程。发展包括了发生和展开。而发生就是由变化产生的。可以说，这个世界上每一次时代的改变、革命的出现，都是变化的开始，也是发展的开始，一个新的时代取代旧的时代，往往伴随着由内至外的变化。不论是否接受，不论你是否承认，这种变化都在悄无声息地进行着。

相信没有人愿意去当那些留着长辫子的“遗老遗少”，所以只有顺应时代的变迁，与时俱进，才能让我们不被变化打败，才能让我们在变化中发生出新的道路，展开新的画卷。

变化也许会给你带来逆境、带来困难和挑战，但正如我们所说，只有走过了逆境，你才能看到希望，也只有你懂得变化带给你的价值，才能让自己真正成为一个拥有高逆商的人。不管是对于一个集体，还是对于一个个人，每一次变化，带给我们的可能是毁灭，也可能是重生。那么决定这种天差地别的结果的，就是我们面对变化的心态。

抵制变化——这种人安于现状，也是大多数中国老百姓的普遍状态。心里也许有很多想法，但大多是想想而已。这种抵制变化的人，不喜欢任何新鲜事物，觉得自己固守的、用习惯的东西就是最好的。他们拒绝改变，永远坐在时代的迷雾里，有时候看看新闻也觉得新事物挺激动，但让他去尝试的时候，他还是抱着他的老一套不愿意动弹。对于这种人而言，时代的变迁、机遇的产生跟他没有丝毫关系，他守着自己的一亩三分地，活在自我满足的状态中。这并非完全不对，但是如果你用这种心态想要在这个时代获得杰出的成就，那就真的是痴人说梦了。

顺应变化——这种人接受新鲜事物，也承认事物的不可预测性，走入逆境，这些人也会积极地想办法去解决，去打破逆境。但是这种人往往只在变化发生之后，才做出反应，比较被动。当一个新的问题已经产生，他们不得不去面对的时候，他们才去面对。虽然说亡羊补牢，未为晚矣，但是毕竟抢救的效果没有预防好，所以这类人在工作上也会有所建树，但是因为缺乏对环境的敏感性，所以很难有长远的战略目光，也很难获得更大的成就。

制造变化——这类人属于新新人类，往往去做一些别人不敢做的事情，想一些别人不敢想的想法，善于置之死地而后生，指的就是这类型的人。他们由于内心强烈的好奇心和旺盛的斗志，往往喜欢挑战新的难题，有时候也会给自己制造新的难题，这类型的人会经常失败，经常陷入困境，但是热情让他们很快就能站起来，打破逆境，重新开始。当他们积累了一定的能量和经验，当他们开始能够敏感地嗅到环境的改变，这些人就开始做一些事情，去制造变化，去改变身边的环境，让客观条件开始变得对他们有利，这种人就是那些我们说能干出“惊天动地”的大事的人，当然这类型的人受到的挫折也会比前两种人多得多。

不论面对变化和无法预测，你是哪种态度，你都要懂得分辨一场变故中的两面性，一场变革一定有它好的一面，也一定有它坏的一面。只有你能够分清楚利弊，才能够趋利避害，才能够让自己化险为夷。人生就是这样，不到最后一秒，谁也不知道谁能获胜，谁也不知道谁能够得到什么。所以，只有我们学会把不利于我们的变化，变成有利于我们的变化，才能够更好地利用身边的客观条件，更好地让自己成长起来。那么如何转化身边的变化呢？

第一，不要失去自己的好奇心。好奇心是一个人勇敢坚持的催化剂。当你有足够的好奇心，你就有足够的勇气去尝试新鲜的事物，这样你才能有足够的阅历去发现那些不利因素里面的有利因素，并扩大它们。

第二，要懂得吃着碗里的，看着锅里的。做人不要轻易就满足，不要觉得现在的稳定能给你一辈子的富足。当你觉得自己已经很成功、没有什么奋斗目标的时候，看看那些比你更成功，而且还比你更努力的人，给自己找一个更高难度的目标，让自己在逆境里也能七进七出，当你在困难中也如履平地，相信人生在你眼中一定是另一番风景。

第三，懂得分享。一个人的战斗是孤独的，也是不稳定的。人是社会性的动物，当你懂得分享自己的快乐、分享自己的成功，你才能感受到这些快乐和成功的价值和意义。就好比一个自私的人就不可能聪明，因为他不会取百家之长，一个独行侠也不可能战斗到最后，因为没有人能够拥有所有成功需要的能力和素质。因此，想要改变那些不利于你的状态，请你学会分享，也许在分享的过程中，你会发现原来有些变化也不是那么坏了。

作为脆弱而渺小的我们，如果想要成功，不想要庸庸碌碌地蹉跎了自己的青春年华、激情与斗志，那么就向那些制造变化的人靠拢。不论是什么样的变化，我们要努力把它们变成我们需要的变化，把不利因素变成有利因素，让自己的明天由自己来创造，不再被动地接受，而是主动地改变自己。反正这个世界都是变来变去的，那我为什么不做一个七十二变的孙悟空，取得真经？让妖魔鬼怪都见鬼去吧。

第二篇 来自社会和自己的逆境

——平庸至死 or站在巅峰？请选择触底反弹

第五章　现代社会的补偿效应

一朝被蛇咬十年怕井绳，我们总是会本能地远离那些曾经伤害过我们的东西，吃过一次亏，很少有人再次看到这个坑，还会毫不犹豫地靠近它。变化也是同样的道理，当有一种变化让自己受到了打击，那么你一定会在后面对这种变化做好万全的准备，甚至不自觉地远离一切跟该变化相关的事物，这种心理上的补偿效应，可以保护我们，但是也会禁锢了我们的思想和步伐，同时也会降低逆商。

举步维艰——输怕了的人

生活就像对弈一样，总有胜负双方，和棋的机会非常少。对于我们来说，不是输，就是赢。赢了的人当然皆大欢喜，功成名就；那么输了的人呢？输，在这个社会是一件非常难以启齿，但又被我们经常遇到的事情。输了的人往往没面子，自尊心受挫，在大家面前抬不起头来。有时候，输的人很长一段时间会觉得任何人都在谈论他的失败，所有人都在看他的笑话，这种负面心态会导致人内心不堪重负而倒塌。可以这么说，失败带给我们的不仅仅是一个不尽如人意的结果，而且是一种从里到外的、全身心的恶劣感受。

挫折令我们疲惫，令我们感到受伤，但是我们几乎所有人都必须承认，如果说成功的喜悦往往只有一刹那，那挫折感更像是伴随我们一生的主旋律。那么为什么有的人最后还是获得了胜利，有的人始终都站在挫折的阴影下呢？还是老问题——面对挫折的心态。

害怕失败、害怕挫折是一种正常的心态，这没什么好丢人的。在做一件事情之前，没有人总是能有百分之百的把握，每一件事情都有失败的可能性，我们会担忧、会有所顾虑，这都很正常，这是不论王侯将相还是山野莽夫都会产生的正常心理。也正因为害怕失败，我们才在成长的过程中学会了权衡利弊，学会了如何把失败崩盘的可能性降到最低、最小。

而害怕把一件事情搞砸，就和人会怕冷一样，再正常不过了，这种心态从侧面来讲甚至是积极的。正因为我们想要把事情做好，想要让自己更加优秀，想要去探索未知的领域，我们才会担心；正因为我们对自己有所期待，所以才会害怕失望；正因为我们不安于现状，所以我们才会迷茫于脚下的道路。总而言之，怕输很正常，但是不能将自己困在怕输这一步，止步不前，那你就肯定没希望赢一盘了。

电影《梅兰芳》中，王学圻扮演的十三燕在跟梅兰芳“斗戏”输了一场之后，说了这样一句话——“输不丢人，怕才丢人！”这句话虽然是经过艺术加工，为了表现老戏骨骨气的一句台词，但是其中的含义却也可以适用于生活中。

每个人都害怕失败，但是如果你因为害怕失败、害怕输，而比都不去比，那你从一开始就输了，你根本没有给自己去尝试的机会。没错，如果下场比赛，失败的可能性是50%，但是如果你临阵脱逃，那么你失败的可能性就是100%了。怕输的人，不会赢，如果连自己都无法给自己一定的信心，如果你自己都不相信自己能赢，那你就根本是输了个彻彻底底。

生活中有些人，也会跟别人说：“哎呀，我这次肯定不成！”结果呢，人家还是照样努力，照样竭尽所能地去比赛、去拼搏，到最后人家真的做到了，许多人会说这种人很虚伪。但实际上，他们并没有说谎，谁都害怕自己“做不到”，但有些人明明能做到，却因为害怕不做，最后导致的失败，那可真是与人无尤。相反，有些人也觉得自己做不到，但是却还是硬着头皮顶住，想要尝试一下，最后还就真的成功了。

这就是人生，只要你不怕输，尝试了，它就会给你惊喜。持续不断地怕输，只会给你的人生披上挥之不去的阴影；而持续不断地尝试，也会让你发现“柳暗花明又一村”的幸福。这就是心态决定一切的最基本表现。

害怕挫折、害怕受伤，那是因为我们都经历过挫折和失败，我们知道那种滋味的痛苦。就好像每个小孩子几乎都被刀割伤过一样，那种鲜血直流的景象和来自手指上的疼痛，让我们从很小就记得——刀是危险的。但是我们生活中，几乎没有什么人是因为被刀割伤过，以后连菜刀都不敢用的。因为随着我们年龄的增长，我们开始知道如何正确地使用菜刀、怎样才能够保护自己，这就是生活带给我们的成长。

敢于尝试来源于一个人内心不服输的精神，怕输可以接受，但是绝对不能服输，不能认输。当我们一次又一次失败，一次又一次受到挫折，我们也会不停地积累经验，这条路走不通，那就另换一条路，我们失败的次数越来越多，相对而言成功的概率也就越来越高了，这也就是我们常说的越挫越勇。

我们需要这种越挫越勇的精神，当我们习惯了挫折，习惯了风雨，我们就会开始变得无所畏惧。当我们看惯了世态炎凉，知道了人情世故，也就不会再让自己无缘无故地伤春悲秋，这就是成长的意义，也是挫折可以带给我们的财富。不要怕输，输是生活给你的机会，是生活让你成长的机会，抓住这些挫折、这些输的机会，不服输，让它们都成为你成功的垫脚石，这样的你，才能领略到人生全部的风景。

虽然说挫折是人生的常态，这多多少少让我们感到绝望，但是我们要明白，这个世界上又不是只有一条通往目的地的道路，走弯路也许能让我们看到更多不可思议的风景，遇到一些更加美好的人和事。人活一世，总要让自己快乐，放轻松吧，只要你一直在往前走，没有人会输一辈子的。

焦虑源于对未知的恐惧

我们在前面的章节谈到了人的焦虑感。在遇到自己想象不到或者失望的事情时就会感到焦虑，这几乎是一种人们普遍产生的负面能量。而当受到挫折，受到伤害，心灵受到打击，或者肉体上格外疲惫的时候，也会产生焦虑。或者我们应该这么说，只要我们遇到生活中的不顺心，焦虑也就随之产生了。

于是乎，当我们遭遇滑铁卢，焦虑就成了一种严重的并发症，它可以把我们小小的失败无限放大，让我们觉得自己一无是处，觉得自己之前的努力都付诸东流，甚至让我们觉得我们这一生也许就会如此碌碌无为。

这种并发症主要分为三种：

第一种，自我厌弃。这种焦虑是对自我认识的焦虑，比方说本来觉得自己至少应该是中等偏上，结果事情没有做好，一下子就觉得自己是个“废物”，自己都看不上自己，这种自我厌弃会让我们对生活失去兴趣，有时候也会出现破罐子破摔的情况。

第二种，推卸责任。这种焦虑跟上一种刚好相反，一旦这类人遇到挫折受伤，他第一个想到的不是自己的不足，而是环境的不允许、别人的干涉等等，总之失败不是他的错，这种焦虑会让他把失败的负面情绪强加到别人身上，让周围的人都感到一种焦虑、迷茫，是一种很可怕的、具有传染性的焦虑并发症。

第三种，或者说这种焦虑并发症带来的一种后果——缩手缩脚。既然在这里栽了一个大跟头，那就开始畏首畏尾，觉得前方的路上到处都是陷阱、到处都潜伏着猛兽，终止了自己大胆尝试的行为，因为这种焦虑开始让他产生多余的顾虑，这种情况也经常束缚一些有想法的年轻人的发展。

事实上，焦虑更多的是来源于对未知的恐慌，或者说对自己能否应对未知的一种不自信。尤其是当我们尝试过这种挫折，那么我们对未来可能遇到的失败就会更加敏感、更加担忧。为什么人们说初生牛犊不怕虎，因为它们根本就没见过老虎，也不知道老虎可以把自己吃掉，所以它们自然不怕，当它们在成长的过程中，发现老虎是可以给它们带来致命危险的，它们才会给老虎打上“危险”的标签，这就是我们受过伤之后，对未知情况的一种恐惧。

然而，如果我们能够做到控制这种恐惧，以一种更小心的方式去探索未知的世界，带着我们受伤之后的抗体去继续拼搏，那么生活就会带给我们不一样的精彩。受了挫折之后不用害怕，就像小孩子摔倒了之后，爬起来还是继续跑一样。想要克服挫折带给我们的焦虑有一个最好的方法就是——自省自新。

自省，当我们遇到挫折，那一定是我们有什么地方没有考虑周全，有些问题我们一开始没有想到，要知道，失败不会是无缘无故的。而已经失败的我们，光害怕担心是没有用的，我们要做的是找到那些导致我们失败的原因，然后尽量在以后的工作中避免。就像是被捕兽夹夹过一次的狼，如果它逃脱了，那么它永远也不会再上第二次当。我们比狼幸运多了，至少我们大多数的失败不会以我们的生命为代价，因此无论如何我们都拥有继续尝试的机会。而我们要做的，就是好好反省，不能让自己在同一个地方再栽跟头。

除了善于自省之外，想要克服焦虑并发症，也要懂得自新。我们每个人都不是十全十美的，身上有各种各样的缺点。这些缺点有些可以经过岁月打磨掉，有些可以在我们受到挫折的时候被我们发现、改正。当我们在挫折中不断地自新，让自己的不足变得完善起来，那么我们就是在不断成长，趋于完美。经过无数次的打磨，我相信所有的人都可以成为独一无二的宝石。

如果说自省、自新是面对焦虑的行为方式，那么面对挫折，我们的内心还是要固守住自己的自信。自信简直是可以打败一切负能量的必胜法宝。只要你能够相信自己，那么焦虑也就无从谈起，不管你跌倒多少次，不管你失败了多少次，不管你被挫折伤害有多深，只要你相信自己可以，相信自己还可以继续努力，那么所有的一切在你面前就都是纸老虎，你的成功也就只是个时间早晚的问题。

杂交水稻之父——袁隆平，他寻找“野败”花了多少年，他行走在乡间，每个人都说不可能，他失败了一次又一次，可依然不放弃任何希望，最后终于找到了天然的雄性不育株“野败”，从而养活了全中国那么多人。如今他的梦想依旧在继续，他的实验中经常出现失败，可是他却从来没有停下脚步，不是因为他想要追求什么成功，而是他的人生中从来不惧怕失败；不是他不会灰心失望，而是他对自己的目标坚定不移，所以总是能以最快的速度重新起航。居里夫人寻找放射性元素“镭”，没有经费，没有学生，只能自己在地下室继续实验，可是这样的情况都没有阻挡她继续研究。伟大的人都有一样的特性，他们像普通人一样会失望，会难过，会灰心，但是他们也拥有普通人没有的坚定不移的心，就是这样的坚定让他们在逆境中找到光明，最后成为伟人。

焦虑和灰心谁都会有，但是我们让这些负能量持续多久、我们需要多长时间来克服它们？我们能从它们中获得什么样的智慧和成长？这才是决定我们最后成败的关键。对于未知的恐惧可以有，但也要懂得这种恐惧是徒劳的，没有任何人可以说自己已经完全了解了这个世界，没有任何人可以说自己对未来了若指掌。既然未来本来就是未知的，那我们与其焦虑得惶惶不可终日，还不如大起胆子来，豁出自己去，让挫折来得更猛烈些，也许当你不再惧怕未来的时候，未来也就没有那么多陷阱让你受伤了。

逆袭是最华丽的成功

任何事物都有两面性，这是大自然的客观规律。没有完全的成功，也没有完全的失败，关键就在于你是如何认识它们的。在失败的时候，你如何发现失败中的机遇，如何实现属于你的人生逆袭；在成功的时候，你如何发现危机，解决它们于萌芽状态，如何实现你的成功长远化，这都是需要我们在成长中不断磨炼的各种本领。

当我们面临挫折、面临强大的对手，当我们处于毫无胜算的逆境时，不要害怕，也许这就是我们实现华丽逆袭的开始。

首先，我们要明白，挫折为何而来；其次，我们必须要考虑能否用最快的速度补救；最后，我们要以迅雷不及掩耳之势完成补救工作。有时候，如果当我们面临失败，不是第一时间绝望和伤心，而是开始进行补救工作，结果往往会出乎意料。比如说，在一场舞蹈比赛时，一位选手忽然跌倒，当所有人都为她惋惜的时候，她却不假思索地站起来，用自己的即兴发挥完成了所有的比赛，这时候在场的人们都会被她的精神感动，也许她不会赢得比赛，但是她却赢得了更多人的关注，她可能赢得了新的合同，或者新的表演机会，等等。这就是挫折中隐含的某些机遇，但是这些机遇稍纵即逝，如果不能在第一时间抓住，那么你还是会成为失败者，而假若你可以立刻站起来，华丽地完成你的演出，等待你的也许就是一个华丽的转身。

我们时常说到“逆袭”这个词语，让我们拆开来理解这两个字——逆境中的袭击。就好像是一场绝地反击战。在逆境中的我们未必是弱者，我们不一定非要一步一步走出逆境之后，再开始新的人生，如果我们在刚刚进入逆境，还没有被漫长的逆境消磨掉我们的斗志的时候就进行反攻，也许就能在逆境将我们吞噬之前，打它个落花流水，让所有的失败和挫折都见鬼去。

之所以称为逆袭，是因为逆袭通常都发生在我们处于劣势的时候，处于顺风顺水的时候，那不叫逆袭，那叫作乘胜追击，这是我们下面要谈到的话题，在这里不予赘述。华丽的转身，是一个瞬间的事情，千万不要贻误战机，千万不要自怨自艾。当我们看到失败和挫折，应当立刻站起身来，亡羊补牢，不一定就晚了。当我们尽了全部努力去挽救岌岌可危的自己，如果最后结果还是不尽如人意，那么我们也已经可以问心无愧了，相信到那个时候，就算你自己也会乐观地告诉自己——就差一点儿了，下次一定可以成功！

不论是在学习，还是工作，不论你是即将参加高考的学生，还是上班族，我们都要领悟到挫折带给我们的机遇，我们都要学会以最快的速度翻过失败那一页。如果你的时间都用在了努力拼搏上，那你根本就不会有时间去忧伤、去恐慌。也许当你拼命想要抓住逆袭机会的时候，恐慌早就离你而去，你也会懂得这次挫折于你而言根本不算什么。翻过失败这一页吧，华丽的转身就在不远处等着你努力向它靠拢。

所有的成功都伴随着无数次的失败，所有的成功几乎都来自那一瞬间的努力、那奋力一击。经验告诉我们，很多时候不放弃地做最后一次尝试往往都会带给我们最好的效果。挫折可以教会我们很多很多道理，也可以让我们看到许多许多的机会，想要逆袭的我们，必须懂得在失败的时候不去哀伤、不要恐慌，把所有的精力都用在实现更好的自己、让自己输得不要那么难看上。这样的我们才是配得上成功的，这样的我们才是有可能获得成功的。

虚不受补——补偿未必是一种保护

中医上常用一个词叫作——虚不受补，意思是，人的身体特别虚弱的时候，补充过多的营养会导致身体负担过重，无法吸收，反而对身体造成伤害。而在生活中，当我们受到伤害、遭遇挫折和失败，心灵就会受到打击，自信心也会挫败，这时候我们的内心就处于一种失落的状态或者说虚弱的状态，好像怎么都提不起精神，于是很多人就开始对自己进行心理重建，保护自己，而往往在这个时候过度地补偿和保护也会造成对内心的弱化，而不是强化，对今后的生活造成负面的影响。

当我们受伤的时候，本能的反应就是流泪，这是神经给我们的一种补偿效应，让我们把疼痛的不快感发泄出去，这就是一种我们身体自发的保护措施。而当内心受到打击，我们就会习惯性地把自己封闭起来一段时间，比如失败之后很多人变得沉默不语，失望的时候，大多数人会选择自己单独待着，不和人交流，这就是一种心灵自我保护。当然适当的保护是正常的，在这个保护的过程中，鼓励自己，给自己打气，让自己重新振作起来，这都是合情合理的。然而有些人的保护则有些过度，把自己封闭起来的时间过长，使自己变得更加消极，更加不利于今后的生活和成长。

有些人认为我们把自己包裹得足够坚固，就不会再次受伤。实际上这种想法是很幼稚的，即使你穿着再坚固的铠甲，当你内心恐惧的时候，失败一样可以从你的内心将你摧毁。当你的内心弥漫着自卑和恐慌，那么外表伪装得再强悍也只不过是一戳就破的纸老虎。所以，当我们心灵受挫，一定要注意自我保护的度，不能把自己从此就变成了不堪风雨的“温室里带着玻璃罩子的花朵”，要明白，再强悍的包装也挡不住来自内心的腐烂。

在生活中受到打击，我们如何来判断自己是不是陷入了过度的心理保护状态呢？在这里我们列出几个问题，如果你基本上都回答“是”的话，那就说明你是一个自我保护过度的人，也就是说你回答肯定的题目越多，你的自我保护也就越强。

1. 在一条街上被绊倒过一次，你是不是基本上今后都避免再走这条路？

2. 当别人在开会的时候嘲笑你的建议幼稚，你是不是以后都不在会上发言了？

3. 当你吃过一次的饭店让你很失望之后，你是不是无论如何都不会再走进这家饭店？

4. 当你发现自己的某一方面非常欠缺，你是不是就不参与任何跟这方面相关的活动或者项目？

5. 当你认为自己一定会输掉这盘棋的时候，你是不是会选择中断棋局？

6. 当你内心觉得沮丧的时候，是不是非常反感和别人的交流？

7. 你失败后，是不是觉得每个人的安慰都是不安好心或者虚伪的？

8. 当你的项目被老板“枪毙”了之后，你是不是内心非常憎恶这个老板？

9. 当你和主管相处得不好，你是不是会郁郁寡欢，甚至决定辞职？

10. 当你看到让你非常不悦的画面的时候，你是不是选择沉默地避开？

根据上述10个问题，你可以粗略判断自己是不是一个经常自我保护过度的人。补偿效应对于自己的内心其实是一种负面能量的积累，这不但不利于我们负面情绪的排出，也不利于我们往我们的内心引入正面的能量，久而久之，我们就会变成一个消极的人。一个总是给自己内心进行保护的人，就会变得故步自封，变得固执，变得不再需要新的事物，不再追求新的理想。反之，一个敢于将伤口暴露在阳光下的人，则更容易痊愈，也更容易获得新的机会。

面对挫折，我们应该如何对自己的内心进行重建呢？

首先，允许自己小小悲伤一下。就像是我们难过会流眼泪，不要让自己在任何时候都非要用坚强面对一切。当我们的内心受到打击，允许自己安静下来，悲伤一下，对自己的失误进行短时间的哀悼，这有利于我们释放出瞬间产生的高压负面情绪，当然千万不要一发不可收拾，如果你的悲伤逆流成河，那就会把自己的内心彻底淹没。

其次，学会倾诉。现代社会大多数人都很孤独，没有真心的朋友，有些难过的事也不可能对自己的亲人说。为了让大家都放心，就把所有的委屈和愤怒憋在心底，这是非常不利于我们的内心建设的。有时候，心情绝望的时候，找个地方坐一坐，和陌生人聊聊天，和一些跟你的生命没有交集的人抱怨一下自己的人生，让自己的悲伤通过交流发泄出去，这样的交谈过后，你会发现其实生活还是会美好地继续，你的挫折根本微不足道。

另外，懂得让自己吸取教训。不在一条河里翻两次船，这是对自己进行心理保护的时候，一定要严格对自己说的。好了伤疤忘了疼，只能让悲剧重演，既然这次的挫折让你感到痛苦，那就请你记住这种痛苦，让自己吸取教训，以后都不要让自己的内心受到如此打击。

最后，敢于承担结果。作为一个有勇气承担失败的人，才能有能力继续前进，如果你总是把错误归咎于别人身上，用这种方法来保护自己的话，那你永远也不会进步，永远也不会有自己的成功。不论是怎样的结果，强迫自己接受，让自己承担这个结果带来的全部悲伤，只有这样你才能够从苦难中获得成长，才能在下次再出现同样问题的时候，提早避免，把失败扼杀在萌芽状态。

生活，就是一场失望与悲伤交织的旅程，但也是一场美好与惊喜的旅程。这两种情绪同时存在，就看你用怎样的内心去看这个世界。走在自己的道路上，不要害怕受到伤害，不要害怕受到打击，只要你还在，心还在，就能继续往前走，总有一天，你会看到属于你的花朵为你绽放整个世界。

禀赋效应带来的心理偏差

我们失败的时候会感到难过，不愿意和任何人说话，但是当我们获得成功的时候往往会恨不得全世界都为我们欢呼。当我们取得了成绩，就会觉得自己是多么的了不起，自己的人生是如此的充满希望，自己是这样的所向披靡。而这种心态，也会导致我们在下一场挫折来临的时候，摔得惊心动魄、灰头土脸。

在经济学上，“禀赋效应”指的是——当一个人一旦拥有某项物品，那么他对该物品价值的评价要比未拥有之前大大增加。这种对于拥有的价值增加，也会导致这个人对于自己甚至整个环境的误判，造成今后的更大损失。这是金融学上对于“损失厌恶”的进一步阐述的定理。用在我们平时的生活中，就可以理解成，当我们获得了某种成就，或者当我们发现自己取得了某些成绩、增加了某些优点，我们就会放大对自我评价的肯定，让我们对自我价值进行误判，导致在今后的生活中过于自大，最后忽然有一天一败涂地，输得一无所有。

有一位游泳健将，她一直想要成为世界上第一个游泳横渡英吉利海峡的人，她为此每天都在练习，从来不曾懈怠，就是为了一举成功。当这一天来临的时候，许许多多的人都来关注她，准备看着她创造辉煌。在挑战的过程中，天气一直非常好，每个人都在期待着这一激动人心的时刻到来，可是就在她快要游到对岸的时候，海上突然飘起了大雾，越来越浓的雾遮住了人们的视线，很快这位游泳健将就什么都看不清楚了，因为无法判断出正确的方向，最终她决定放弃，而这成为她一辈子的遗憾。可是她当时距离对岸只有不到一百米而已。

最接近成功的时候，也是最容易大意的时候。很多人都在生活中犯过类似的错误，当自己处于人生的巅峰，每个人都想好好地享受一下，心想：我这么辛苦才爬上来，我可以好好晒晒太阳，然后看着自己取得的辉煌业绩，怎么想都觉得自己好伟大，觉得别人都不可能比得上自己的成就，自己做什么事情都将不在话下。于是，放弃了继续努力、继续提高，只是自我满足地躺在所谓的“巅峰”，殊不知下坡路已然开始，在接下来的日子里，这种心态也将带给你一个更大的跟头。

我们常常说，“不想当将军的士兵不是好士兵”，那么当上了将军以后是不是就可以放心睡大觉了呢？当然不是，抱着自己小小的成就不再前进的人，是懦夫，绝不是人生的赢家。真正的赢家，总是在完成一个挑战之后，迎接新的挑战，对他们来说，生命中没有睡觉的时候，有的只是一座一座更加伟岸的巅峰，他们要做的也就是不断地努力，不断地前行，不让人生把自己抛在后面。

也许有人会说，我对人生期望不高，不需要挑战一座又一座的巅峰，我就是希望“老婆孩子热炕头”，守着自己的一亩三分地，没有野心。这样做当然没错，每个人都有每个人经营的幸福，成功是不分大小的。只是那些普通人追求的普通生活，也是需要不断努力才能维持的啊。

当我们有了美满幸福的家庭，如果你不去加以经营呵护，你的配偶可能会感到伤心，你的幸福指数也就跟着下降了；当你有了可爱的孩子，如果你不好好地疼爱教育，那么等着你的也许就是一场场小小的悲剧。不论你所追求的幸福成功是大还是小，你都不能坐拥一切而不再努力，任何事情都需要我们努力地维护、努力地进步。当你有了自己的工作，你就会想要一所自己的房子；当你有了自己的房子，你又会想要一辆更好的车子；当你有了更好的车子，你又会想要有自己的事业……其实没有人是不贪心的。而当你放大自己拥有的一切，你就会开始懒惰，你就会从心里放弃追求更多的美好，也许你认为你只拥有现在的幸福就行了，但是我负责任地告诉你，如果你什么也不做，那么你拥有的幸福也迟早会一点儿一点儿地溜走。

正如我们这章说的，过于自我满足或者自我封闭都是不对的，这些都不是我们生活中应该有的情绪。而这两种情况产生的根源，还是对自我的不自信。自信心在我们成长过程中可谓是扮演着几乎所有心态的基石。你有多少自信决定了你面对任何问题时的反应和心态。自我满足的人，并不是那些过于自信的人，他们满足是因为他们认为这样已经是最好的自己了，他们不相信自己还能做得更好，因此这种放大自己拥有的人，看起来很乐观，很“阿Q”，实则是对自己能力的缩小，对自己奋斗的逃避。

而自我封闭的人，则更是认为自己的幼小内心绝对经不起这一次又一次的打击，干脆包起来算了。不管别人怎么说，我都不怕，我听不见意见，我只做我自己的事情，不再做任何新的尝试，不再迎接任何新的挑战。这两种不自信的心态都会导致我们的人生永远离不开逆境，永远都无法获得属于自己的真正人生。

我们从小就听过“井底之蛙”的故事，不要做一只抱着美梦睡大觉的青蛙，要学会在任何时候都往上看、往远处看。用自己的双腿丈量尽可能多的旅途，用自己的双臂拥抱尽可能多的陌生人，用自己的眼睛尽可能去看更远处的风景，这样的人生才有价值、才有意义。不管生命进行到哪一天，我都将把这一天当作我生命的最后一天来度过，生命不息，奋斗不止，这样做并不是为了让人生充满疲惫，而是为了让人生充满美好，让自己懂得生存的意义。所以，亲爱的朋友们，抬起头，看看更远处那可能更加绚烂的花朵、更加湛蓝的天空。

第六章　沟通焦虑症候群

互联网革命将人类带入信息时代，越来越发达的自媒体时代，给我们更多的沟通方式。人与人，面对面，不再是沟通的必要条件。从此我们躲在“马甲”背后窥探现实中的一切，与此同时，网络也成了一个逃避现实的新去处。平静的屏幕背后，闪烁着一双双孤独焦虑的眼睛，信息时代的特有逆境建造出一个一个阳光无法温暖的监狱。

丧失的不仅仅是语言

能够使用语言并不是人类的专利，每一种生物都有彼此间互相沟通的信号和方式。而语言，也是我们生下来之后掌握的第一种高级技能。能够使用语言，才能够表达自己的情绪，才能够接收来自别人的信息，有了语言，人和人之间才有了交流，思想才有了沟通，才有了更快的经验传递和知识分享。

语言是人类进步的助推器，也是我们平时交友的重要工具。因此，可以说如果没有语言，我们将会是孤独的个体，将会永远不可能快速地成长和进步。

语言最重要的功能就是用来沟通。在平时的生活中，无时无刻不体现着沟通的重要性。我们想要学习一种新的知识，需要语言的沟通；想要签订一个新的合同，需要语言的沟通；想要表达自己的意愿，需要语言的沟通。不夸张地说，语言沟通是我们在这个群体赖以生存的一项技能，是一项无可厚非的应该熟练掌握的本领。

然而，随着现代科技的发展，越来越多的人成为所谓的“低头族”，也就是时时刻刻抱着自己的手机，低着头看着屏幕，不直接和身边的人交流，只会使用聊天工具的一群人。这种情况在年轻人身上更加明显，在网络聊天里面能够呼风唤雨，却不知道怎么开口向邻居借一瓶醋。当然，网络信息化的发展实际上是为了加快人与人之间的沟通，它可以实现更快的信息分享，可以使我们的生活更加便捷。但是请注意，信息的发展是为了加快，而并不是为了取代真正的语言，没有任何一种高科技可以取代人与人之间真正的沟通。

当我们想要完成一件事情，如果没有面对面的沟通，几乎是不可能百分之一百做好这件事情的。有人会说，那我可以从网络上购买各种各样的东西，我可以每天“宅”在家里，

soho一族，既可以在家里工作，也可以在家里吃喝拉撒睡，根本没有必要自己出去和别人沟通啊。没错，现代科技是可以让生活方便到这种程度。但是你买各种东西，总要收快递吧，你就算在家工作，有时候出现问题，还是需要你当面沟通比较稳妥，如果你真的是“宅”到从来不出门，那么你终究会和这个社会群体脱节，故步自封也会使你变成一只根本不会和人交流的井底之蛙。

现代社会，生活节奏非常快，已经省略了过去家长里短的中餐晚餐时间，每个人都是匆匆地自己解决自己的问题，然后回家，有些年轻人甚至和父母同桌吃饭也只顾着低头看手机聊各种工具，而不跟自己的父母说上一句话。我们且不说这是否会让你身边的人感到伤心，这种做法其实是一种病态，或者说这种长期在科技支撑下的沟通会导致一种心理上的病症——新沟通障碍。

我们一直在提到逆境，但其实逆境并不是一定要你遭遇了什么重大挫折才会产生。你自己的内心也会出现一些小的逆境，比如说，当长时间不与人交流的时候，忽然有一天要求你必须用语言，面对面地向别人表达你的意思，你会发现你格外紧张和焦虑，这种焦虑会让你心里对面对面的语言沟通更加抵触、更加没有兴趣，最后你也就成为一个丧失沟通能力的新沟通障碍“患者”。

我们都知道，有些人善于和别人沟通，幽默诙谐，舌灿莲花，每当大家和他聊天，都感到非常舒服，这种人不论是在学校还是职场都备受欢迎，因为谁都希望和可以使自己心情愉快的人在一起沟通活动；而你们公司一定有一些人，总是一个人独自窝在角落里，不声不响，每天用阴沉的表情和鬼祟的眼神打量着每一个人，就算你去主动和他交流，他也会支支吾吾、不敢直视你。不难想象，后者交到朋友的概率非常低，而后者产生各种内心逆境、内心抑郁的可能性也就更大。我们刨去性格的原因，要求每一个人都要锻炼自己的沟通能力，这并不是为了让你变得多么能说会道，而是让你掌握一门基本的生存技能。在现代职场上，有许多故事都起于沟通，也成于沟通。

同样是跑业务，有人就能左右逢源，有人就一筹莫展；同样是去面试，同样的学历和成绩，有人就表现得异常优秀，有人就唯唯诺诺，紧张得要死。擅长使用语言的人，代表着更清晰的语言逻辑、更优秀的表现力，在社会中，这类型的人更容易讨别人喜欢，也更容易在最短的时间内，让别人记住自己。不论谈任何事情，“谈”就是说话，就是一门技术，这门艺术，你看书是看不来的，上网搜也是搜不到的，只能靠跟人实战沟通才能获得。

由此可见，当我们学会使用语言，我们学会的是更快地成长，是更好地与人沟通。而反之，如果我们丧失了沟通能力，我们丧失的绝对不仅仅是我们的一两个词汇量，而可能是一次成功的机会，一次改变命运的机会。因此，无论如何，请你学会和真正的人，进行真正的对话，不要让你的手指取代你的舌头，不要让你变成新沟通障碍症患者。

那么，我们中的很多人为什么变得不愿意说话了呢？

就像是语言的学习是循序渐进的，语言的丧失也当然是冰冻三尺非一日之寒。刚开始可能没有什么，你也觉得自己怎么可能会不知道怎么说话呢？如果你真的试着一两个月都待在家里，不和任何人使用语言沟通，等到你再想说话的时候，你就会发现自己有很多词根本想不起来该怎么说，有很多意思不知道该如何表达。与此同时，减少沟通的次数，也会导致人的心理更加脆弱，更加容易害羞、容易紧张，种种心理变化都会导致沟通障碍的产生。

既然如此，应该如何挽救我们的语言呢？

第一，不要躲起来。当你觉得自己在面对面跟别人说话时会感到紧张，不要躲起来，这只会让事情变得更糟，也不要逼自己导致内心抵触。可以找一些你相对熟悉的朋友，多约他们出来聊聊天、吃吃饭，让自己重新和大家一起开始进行沟通，恢复自己在谈话中的自信心，然后慢慢地让自己成为一个开朗健谈的人。

第二，不要恼羞成怒。有些人说不清楚自己的意思时，喜欢恼羞成怒，把别人听不懂自己的意思当作是别人的责任，这样发怒也是一种沟通障碍，而我们生活中出现的误会和摩擦也多源于此。想要锻炼这种沟通的耐心，你可以试着和小朋友交流，如果当你已经可以和小朋友交流自如的时候，相信你也就可以和任何人心平气和地沟通了。

第三，善于帮助别人。这个看起来和语言没有关系，但实际上关心别人是一种更高层次的心理语言。当你向别人施以援手，别人就能够感觉到你的善意，这时候不需要任何语言的表达，因为你这种语言已经超过了任何词语。所以，如果你真的不是一个善于言表的人，那么就请你多微笑、多帮助别人，这种无声的语言也会让你成为一个大家心目中的“温暖的人”。

语言是沟通的基础，而沟通是做人的根本。我们生来就生活在一个集体中，不可能脱离，那么如何在这个群体中找到自己的定位，建立自己的朋友圈子，需要的就是沟通和分享，懂得沟通的人，才懂得合作和分享，这样的人才有结交的价值和意义。放下你的手机，关掉你的电脑，和你身边的人聊聊天，有时候面对面的问候，比你点多少个“赞”都更有用。

谁动了我的人脉

不管时代如何变迁，不论你是风生水起，还是逆境重生，有一样东西总是伴随着我们的人生，有时候也能决定我们的成败——人脉。如果要说起沟通对我们事业带来的正面影响，那么建立人脉就绝对是其当仁不让的重要功能。

然而，人脉的建立对于我们，不论是顺境和逆境都有着特别的意义，与此同时人脉也如所有的规律一样，摸不透，测不准，就像我们常说的“没有永恒的敌人，也没有永恒的朋友”。有时候，人们会加上一句“只有永恒的利益”，事实上，我们可以理解为，随着我们的需求不同，我们的人脉或者朋友圈也会随之发生改变，这并不是说人们市侩，而是这个世界本来就是处于不断的变化之中，就算是你自己也要经过岁月的打磨发生无数次的改变，所以人脉，在我们的事业中虽然处于一种非常不稳定的状态，但却是我们想要成功绝对不可能缺少的一味调料。

没有任何一个有智慧的人会和自己的网友做生意，也没有任何一个真正成熟善于思考的人会把自己的网友当作知心好友，我们每个人在网络中遇到陌生人都怀着本能的警惕，就算是熟悉了，成为经常聊天的网友，真要到了想要见面的程度也还是需要再三思量。这是什么原因？答案很简单，我看不到你，我不认识你，我怎么知道你是一个怎样的人？

我们在建立人脉的过程中，最重要的是——诚信。交友过程中，彼此的信任是最重要的基石，而如果两个人连面都没有碰到，那么所谓的信任又从何而来呢？因此，想要建立自己的朋友圈，靠你的高科技电子设备是不可能的，想要真正拥有一份友情，你就要打开门，走出去，面对面地和别人问候、微笑、交谈，这样的友情才是合乎自然规律的，才是能够长久的。

如果说我们的生活是海，我们自己是船，那么人脉就是风。风可以助你乘风破浪，也可以让你逆风难行，这就是人脉，至于你的人脉究竟在你的事业中扮演什么样的角色，就在于你是如何建立这些人脉的了。

好的人脉可以帮你走得更远，可以让你的事业如日中天，这种好的人脉并不是一蹴而就的，它需要你多年的维持呵护，也需要你定时地付出，等等，而在这种情况下，如果你本身不喜欢和别人沟通，或者总是让自己看起来非常焦虑，这些人脉就无法聚拢，也无法为你提供你所需要的帮助了。

好的人脉可以帮你走出逆境，而坏的人脉可以让你陷入逆境。这好与坏之间并没有差很远，有时候对那些不善于沟通建立人脉的人来说是坏的影响的，到了那些积极的、善于沟通的人那里就变成了正能量，这也就是说风是怎样的其实不重要，重要的是掌舵的人，重要的是你定的目标的方向，如果你一切都是正确的，是顺应规律的，那么你一定能到达你心目中的目的地。

现代沟通焦虑症会导致人们的朋友圈缩小，信息都通过光纤传递，有时候我们一天跟网友说的话加起来要超过我们一周和身边亲人说的话，这是很可怕的。当我们开始在光纤上搭建自己的人脉，并且忽略用传统手法结交朋友的时候，我们的人脉就会变成不堪一击的空中楼阁，看起来华丽，但实际上意义不大，随时都可能烟消云散。

当然网络中也会有真实的情谊，但那种情谊的建立比在现实生活中要难得多，时间也要长许多。而当我们在高科技手段下建立起来的人脉，忽然崩塌的时候，我们也会感到沮丧，感到人与人之间的信任度急剧下降，有时候这种悲观也会直接作用于心理，让你的情绪处于暂时焦虑的状态，而当这种情绪继续扩大就会影响你的正常生活，逆境也就会从你手中诞生。

不论在你人生的什么阶段，只有实实在在的沟通才能创建实实在在的人脉。就像很多人都感慨，时过境迁，朋友还是小时候的最亲，为什么？因为那时候的我们是一起成长的，我们一起奔跑、一起跌倒，我们一起分享快乐和忧伤，我们彼此了解、彼此诉说衷肠，这样建立起来的感情是坚实的，不论多久没有见面，再次相逢，还是让我们倍感亲切。这就是实际人脉的优势。

作为想要获得成功的我们，绝对不能放弃的就是握手的能力，伸出你的手，握住对方的手，让来自身体的温度传给彼此，让来自彼此的真诚表达给对方，用最直接的方法，而不是通过手指、键盘、屏幕。不要丢失和别人握手的能力，当你伸出自己的手，你握住的就是你的人脉，你握住的就是属于你自己的明天。

恶性循环——逆境后遗症

讲过了语言沟通，讲过了人脉的意义，那么这些东西为什么如此善变、如此无法预测？这些宝贵的财富是否能够在我们身处逆境的时候帮我们一把？我的人脉究竟能否在我最需要的时候给我带来新的希望呢？这些问题都是我们想要获得成功必须要关注的，也是我们想要有一个更美好安定的人生必须要了解的。

"墙倒众人推"，是一个人脉变化的极好写照。自古以来，我们中国的智慧就告诉我们，当你处于功成名就的时候，各路英雄豪杰都会冒出来与你称兄道弟，但是当你一旦落了难，你就会发现那些原来唯你马首是瞻的"兄弟"，一个个都躲你躲得远远的，真正地从“门庭若市”到“门可罗雀”。这就是所谓的人脉的逆境变化。

从这种人脉变化上来看，每当我们陷入逆境，就会损失掉部分朋友，也就会损失掉一部分的人脉，这种损失几乎是必须发生的。在你特别倒霉的时候，不离不弃只有你的亲人大概能做到了吧。说到人脉这种后天获得的东西，本就有着先天的不稳定性，所以当你陷入逆境，发现你原本的好朋友都离你远去的时候，不要绝望，也不要愤怒，你要告诉自己，这是自然的规律，是不可避免要发生的事情，要怪就怪自己失败，要怪就怪自己之前建立了这种不够牢靠的人脉。

在面临重大困难的时候，许多人脉都会纷纷断裂，这时候很多人都会有积极的心态——刚好趁着这个时候分清楚哪些是真正的朋友，哪些只是萍水相逢、不足挂齿的“酒肉之交”。这种心态是非常正确的，我们之前说过每一次的逆境都是生活赐予我们的宝贵财富，能够利用逆境分清楚自己身边的真人脉和假人脉，也是生活给我们补上的一堂社会课程，平心静气地好好利用这次机会，可以帮助你在今后的生活中建立更多的真人脉，也能让你分辨朋友的能力以几何速度增长。

克服逆境后遗症，要求我们面临逆境中的人脉变化，要做的不是歇斯底里地抱怨，而是冷静地看待，真诚地理解，人往高处走——不管别人是不是帮你都是天经地义的，因为没有任何人有义务无条件地向你伸出援手。下面这几点请你一定要记住：

学会理解：在逆境中，人脉开始纷纷断裂，试着换位思考，如果是别人落难了，到了你自己今天这种地步，平心而论是否会真的继续追随他左右，是否也会因为怕受到影响而与他暂时保持距离？如果你能够设身处地地为别人着想，也许内心就不会那么失望伤心，因为当你懂得了理解别人的动机，内心的怒火就不会烧得那么旺了。

懂得宽容：宽以待人，是我们很小的时候就学过的一条“中华传统美德”，在你身处逆境的时候，也许有些你曾经的人脉不仅不帮你，反而倒打一耙，“痛打落水狗”。这时候许多人会出离愤怒，不冷静，以至于做出一些更加错误的决定，让自己身陷绝境，无法自拔。不论怎样，告诉自己“他这么做一定有他不得已的理由”，试着去宽容那些伤害你的人，让自己用宽容的心去面对这些不公平，因为在原谅别人的同时，你也就原谅了自己的过错，也就重新拥有了站起来的可能性。

知道进退：在逆境中观察人脉的变化，不要做那种“不自量力”“自取其辱”的事情，有些人他不会帮你，不论你怎么求，他都不会帮你，千万不要把走出逆境的希望完全放在别人身上，没有人能够真正地帮助你，除了你自己。当人脉要断裂的时候，尽量挽留，然后笑脸相送。如果不能同苦，那么至少保持自己的尊严，不撕破脸，也许在未来的某一天，大家还能遇见，还能彼此帮助。

逆境后遗症关于人脉，还有一个非常重要的特点——多疑。当我们经历了世间冷暖、人情无常，当我们知道了背叛的痛苦，从逆境中好不容易站起来的我们，就不会再如一开始那样天真、那样真诚，这是一种经验，也是一种成长。但是如果这种多疑变得过分，也会对我们今后的人生产生负面影响，试想一个不愿意相信任何人的人，又怎么会真诚地走完自己的一生呢？

一位禅师走在漆黑的路上，因为路太黑，行人之间难免磕磕碰碰，禅师也被行人撞了好几下。他继续向前走，远远看见有人提着灯笼向他走过来，这时旁边有个路人说道："这个瞎子真奇怪，明明看不见，却每天晚上打着灯笼!"

禅师问盲人："你是真的看不见，还是能看见一点儿？"

盲人说："我完全看不见。"

禅师更迷惑了，问道："既然这样，你为什么还要打灯笼呢？你甚至都不知道灯笼是什么样子、灯光给人的感觉是怎样的。"

盲人说："我听别人说，每到晚上，人们都变成了和我一样的盲人，因为夜晚没有灯光，所以我就在晚上打着灯笼出来。”

禅师非常震动地感叹道：“原来你所做的一切都是为了别人！”

盲人沉思了一会儿，回答说：“不是，我为的是自己!”

禅师更迷惑了，问道：“为什么呢？”

盲人反问：“你刚才过来有没有被别人碰撞过？”

禅师说：“有呀，就在刚才，我被两个人不留心碰到了。”

盲人告诉他：“对啊，我打着灯笼，虽然我看不见，但是别人却能看见我，这是为了我不被人撞啊。”

帮助别人，有时候就是为了帮助自己。在逆境中的日子，往往会令我们终身难忘，我们面对逆境中的人脉变化，面对好朋友从真心到真实的改变，那种绝望的痛楚，不会有人想要尝试第二遍，因此，我们需要谨慎地挑选新的朋友，更加小心地建立属于自己的人脉系统。这是正常的，也是正确的。但是如果我们不能够再给予朋友信任，那么我们可能也就从此原地踏步，不会再前进了。

当你走出逆境，开始交往新的朋友，请不要灰心，也不要不再相信友谊。这个世界是变化的，但并非丑陋的，美好还是大多数，当你有了新的朋友，当你认为你交到了值得你付出真心的朋友，不要吝啬自己的真诚，让自己重新获得好的人脉，让自己重新攀登上事业的巅峰。永远相信自己的朋友，是一个人能够走向更高层次的基础。

马克思就曾说过：“友谊需要忠诚去播种，热情去灌溉，原则去培养，谅解去护理。”墨子说：“言必信，行必果。”孔子说：“与朋友交，言而有信。”信用是处理人际关系的必守信条，敌对双方谈判要守信用，做生意双方成交要守信用，上下级讲话要讲信用，甚至连父亲对刚懂事的儿子讲话也要讲信用。我国历史上有个著名的故事，曾子的儿子吵闹不休，曾妻就骗他说：“等你父亲回来，杀猪给你吃。”曾子回家听到妻子告诉他这件事后，果然持刀把猪杀了。显然，曾子是在培养儿子的信用意识。

陷入逆境，不要恐惧；看到人脉变迁，不要愤怒；走出逆境，不再绝望；重新建立人脉，不要多疑。这样的人生才会是快乐的，有时候不快乐并不是因为生活没有给我们什么，而是我们自己没有给我们什么。学会自己走出逆境，学会在逆境中分辨自己的人脉，不论何时，不要亲手割断自己的人脉，风水轮流转，这个世界上真的没有什么能永垂不朽，所以，学着用一颗金子般真诚的心去对待每一个人，生活一定会带给你应有的回报。

抑郁的出口——如何在逆境中摆脱绝望

之前已经提到过，在逆境中打败你的往往不是逆境本身，而是你自己内心的绝望，这种绝望的心态会消磨你的斗志，让你变得不堪一击。那么除了我们之前讲述的摆脱绝望的方法之外，人脉又在其中发挥着怎样的作用，就是我们这个小节要聊到的内容。

人脉跟血管一样，连通着你生活中的各个环节，每一条人脉的分支也掌管着你不同的朋友圈和不同的情绪。比如说，你的死党往往能和你分享你生活中的各种搞笑和苦难；你的亲人可以体会你生活中的艰辛，是你归属感的所在；你的同事，可以帮助你完成你在事业上的各种计划，建立你的工作区域；你的领导，则控制着你所有向上升迁的希望，等等。每个人都有属于自己的一套人脉系统，每个人也都会分门别类地把它们划分开来，自己对待每条人脉中的个体也会使用不同的态度、语气和情绪，这就是人脉在我们生活中的重要作用。

而当我们身处逆境的时候，相当于这条人脉有些就会生病，就会堵塞，导致本来的一些功能无法运行，给我们整个身心带来一种不愉快的恶劣感受。尤其是当遭到了好朋友的背叛，当我们无法得到信任的伙伴的帮助的时候，这种悲伤绝望的情绪就会完全堵在心里，无处可去，如果让这种负面情绪在内心蔓延，很快就会通过你的人脉网络传递给所有你身边的人，这时候这种负面情绪又会影响本来还在正常工作的人脉，导致你给自己带来更大的麻烦，陷入更大的逆境当中。

情绪是流通的，人脉是变化的，负面情绪和正面情绪都可以随着你的人脉传递给你周围的人，那么当你身处逆境的时候，无论如何都不至于众叛亲离，总有一些人还是陪在你的身边，退一万步讲，就算你触犯了法律，进了监狱，你的亲人也不会抛弃你，你也有可以疏通情绪的人脉。那么我能不能在逆境中，通过人脉将你的负面情绪排遣出去，而不是传递给其他人，或者说我们能不能让真正关心我们的人带给我们正能量，化解我们心中的绝望呢？

答案当然是肯定的。

“人走茶凉”是一种客观存在的社会现象，对某些曾位高权重的人来说，感受更深，总觉得为官一任，没有功劳也有苦劳，没有苦劳也有疲劳，怎么刚下台就如此不近人情？其实，“人走茶凉”像是一面镜子，它能照出一些领导干部在位时的作为、品德和作风，也可照出群众对领导干部的评价高低和感情深浅。有的干部在位时“心里只有群众，唯独没有自己”，像焦裕禄、孔繁森、李国安那样，这样的干部一旦离任或退休乃至去世，人们总是想念着他、惦记着他，

“茶”是永远不会凉的。相反，有的干部在位时总是高高在上，八面威风，滥用权力，不关心群众疾苦，甚至贪赃枉法、谋取私利，这种人不要说“人走茶凉”，人不走老百姓还盼他走，恨不能赶他走。这种人还有什么资格感叹“人走茶凉”呢？

“人走茶凉”其实是一种很正常的现象。有位领导干部，在任时可谓门庭若市。而找上门来的主要是些什么人呢？一种是为工作的，他们要来反映情况，研究问题，汇报工作；再一种就是那些喜欢阿谀奉承、讨好卖乖和别有所求的人。从工作关系讲，你退休了，不再过问工作，人家自然不会天天上门来请示、汇报；从人际关系角度来讲，如果你以前接触的大多是唯权是瞻、唯利是图的小人，现在你失去了权力，对他没有用了，他自然不会来找你了。这样一想，离职后门庭冷落一点儿不是很正常吗？通过讨论这个问题，我们应从中得到一些启示：就是人生要多交善良、诚实、正派、重情的朋友，只有那些君子之交淡如水的朋友，才永远不会抛弃你。

可见，人走茶凉也不见得是坏事，当那些冗余的、虚伪的人脉断掉之后，也许你反而更能感受到那些真正属于你的关心和温暖，来自他们的鼓励和支持也正是你现在身处逆境所需要的。当你看清楚了身边每一个人的真面目，你也应该更加清晰地认识到，自己不能倒下去，就算是为了那仅有的几个陪在身边的人，也不能让绝望吞噬掉自己，只要还有人给自己希望，还有人需要自己，存在就是有价值的，就还有希望，这就是我们在逆境中需要真正的人脉带给我们的力量。

在逆境中，排遣绝望就好像是洪汛期间开闸泄洪一样，多些人脉，则绝望排遣得也就更好。不要害怕跟亲人诉说你的不幸，不要害怕跟别人分享你的痛苦，愿意在你身边听你啰唆的人，一定是关心你的，他们愿意花时间分担你的痛苦，给你拥抱，让你重新获得希望，这就是利用人脉打败绝望的好方法。

不要害怕分享痛苦，有时候分担也是一种幸福。许多人不愿意把自己的绝望告诉家人，总是喜欢一个人默默地承担。可是你知道吗？如果你能够和家人分担自己的辛苦，也许家人才会觉得他们有存在的价值，也许他们不能给你什么实质性的帮助，但是他们可以带给你最最真实的希望。

不要刚愎自用，让正能量倒流进来。虽然我们说，在身处逆境的时候，可以让自己的负面情绪顺着人脉排出去，但是当身边的人好言相劝的时候，也请你一定不要太过固执，也许对方说得不一定对，但是请你听出他字里行间的关切和安慰，这时候，打败逆境的也许只能是你，但给你打败逆境的动力的却是你身边的朋友和亲人。“听人劝吃饱饭”，这就是告诉我们，当有正能量想要进入你的内心，不要抗拒，不要拒之门外，尝试着让正能量去中和你的绝望，也许有了这股暖流，你就会发现逆境中的出口和阳光。

卡耐基说："对和你谈话的那个人来说，他的需要和他自己的事情永远比你的事重要得多。在他的生活中，他要是牙痛，要比发生天灾导致数百万人伤亡的事情还更重大；他对自己头上小疮的在意，要比对一场大地震的关注还要多。"所以，如果我们必须要学会善于利用我们的耳朵，做个懂得倾听的人，成为别人的一个忠实的听众，如此一来，对方一定会觉得自己受到了重视，从而对你产生好感，愿意同你建立人际关系；相反，当别人说话时，你不用心听，或者也抢着说，就会使对方失去说话的兴趣，以后也不愿意再和你交谈了。

总而言之，在逆境中接收来自人脉的正能量，是能够中和你内心的绝望、帮助你重新获得战斗动力的一种途径。在平时的生活中，也要懂得多建立真正的人脉，或者说不要为了建立那些所谓的"人脉"，忽略了你身边唾手可得的真正感情。不要为了应酬忽略了你的家庭；不要因为年龄和时代的差距，忽略了你父母长辈；不要为了一些只有利益关系的陌生人，忽略了真心对你的朋友。这些真心的人脉比起你费劲靠着利益搭建起来的人脉要有用百倍，在你身处逆境的时候，给你最多人间温暖的也只能来自那些对你最真的人。

人总是这样，对陌生人都彬彬有礼，却总是伤害跟自己最亲近的人。如果你知道自己可能也会陷入逆境，那么就请你从今天开始，去真正关注你身边真正的人脉，去真心对待那些真心待你的人，总有些人是值得你用真心、用一生去守护的，当你建立起自己无坚不摧的真正人脉，不论你掉入多么万劫不复的深渊，你都会发现总有些温暖在照亮着你，总有些人在把你的绝望一点儿一点儿地搬走。

现代巴别塔

《创世记》第11章1–9节记载，在过去的过去，人们本来是说着同一种语言，并且一起居住在与幼发拉底河相距不远的示拿之地。人们利用河谷的资源，在那里建筑城和塔，以聚集全体的人类及展示力量。有一天，上帝降临视察，他认为人类过于自信和团结，一旦完成计划将能为所欲为，便决定变乱人们的口音和语言，并使他们分散各地。高塔于是停工，而该塔则被称为巴别。——摘自维基百科

据此，哲学上也就把巴别塔理解为“不同语言，无法沟通”的象征。巴别的意思是“变乱”，《圣经》上记载的这段故事，旨在告诉人们，不要妄自尊大，不要以为自己无所

不能。而在我看来，这个故事更多的是让我们感受到语言和沟通的重要性，当我们能够用同一种语言传递信息，当我们能够获取彼此的经验，就能让我们空前团结，做出一些惊天动地的大事，我们且不论上帝和信仰，我们说的只是沟通的巨大潜能和魅力。

小时候我就很好奇，为什么不同国家，甚至一个国家不同地区的人都说着不一样的语言，有些语言也许还可以找到共同之处，可有些却完全是来源于不同的起点，丝毫没有相似之处。小时候，也会傻傻地想如果全世界都说一种语言，那该有多好。实际上，这种向往并不能说是单纯的幼稚，而是一种对沟通的渴求。

当我们可以跟身边的人随意沟通，就可以化解很多误会；当我们可以跟身边的人畅通地沟通，就可以获得我们需要的帮助；当我们可以跟身边的人无阻碍地沟通，就可以让更多的事情以更快的效率达成。所以说，沟通是我们在生活中真正应该为自己营造的氛围，尤其是在逆境中，沟通有时候也可以是我们的救命稻草。

在实际工作中，我们虽然在同一环境下说着同样的语言，却还是有着不同的沟通方式和表达。不同的表达方式和沟通渠道只是为了适应我们的环境，迎合我们的工作需要而已，而在这中间，不论你使用怎么样的语言，都不可能抹杀沟通的重要性。

而现代的我们，习惯于敲打键盘，用手指来代替语言，我们这种沟通方式当然具有一定的时代气息，也具有更适合现代社会的特征。然而，我始终认为，当我们不能进行口耳相传的交流，沟通也就没有了灵魂。当语言变成了键盘上敲击的节奏，人类自己为自己建造的巴别塔就诞生了。

人在逆境当中，也会给自己建造巴别塔，这种隔离来源于你的内心。当我们身处逆境，我们首先会感到没有人能够理解我们，没有人可以帮助我们，我们这种情绪会把那些真正的帮助拒之门外，也会蒙蔽我们的双眼，让我们无法看到出口。这种自己建造的心理巴别塔，使得我们要花更长的时间在逆境中摸索，走不出来。

实际上，当你处于逆境当中，你身边所有的人几乎都是想要帮助你的人，这时候请你把你需要帮助的事情说出来，大胆地说出来，一定会有人可以为你提供一些思路，让你更快地找到出口。在这种情况下，信任就是推倒巴别塔的最好武器，当你选择相信身边的人，也就等于选择了沟通，选择了和别人分担你在逆境中遇到的困难，当沟通不再是问题，我想巴别塔也就不可能再把你自己禁锢在逆境中。

当我们身处于绝望的逆境，学会沟通，打开心扉，不要让现代巴别塔把你推入没有沟通的绝境，不要让内心的城墙把你一个人丢在孤岛上。

《读者文摘》中曾有这样一个小故事，说的是一棵娇弱的小葡萄藤，常常为自己活在这个世界上而感到欣喜，她从土壤中汲取水分和养料，从阳光中获得力量，使劲地往上长。年轻力壮的小葡萄藤觉得自己能够很好地应对生活，一切都能靠自己搞定。然而冬天悄悄地来临了，风残雨啸，雪不留情，小葡萄藤损伤严重，变得虚弱萎蔫，成了小病秧子。

在这样严酷的情况下，小葡萄藤感到绝望极了，寒冬漫漫，而她的藤枝已经变得枯萎无力了。该怎么办呢？小葡萄藤感觉自己无计可施。这时她听到了一个声音，另一棵葡萄藤对她大喊："这里，把手伸到这儿来……搭在我身上。"小葡萄藤犹豫了："这意味着什么？我一直可以很好地应对一切，什么都靠自己，怎么能受人施舍呢？只是现在……"

过了一会儿，经过激烈的思想斗争后，她小心翼翼地朝另一棵葡萄藤伸展过去。"看，我可以帮助你。"那棵藤大声说，"把你的蔓缠在我身上，我就能帮你抬起头来。"小葡萄藤信任地照做，瞬间又可以站直了。

狂风一遍一遍地吹过，暴雨一次又一次淋过，连暴雪也袭击了好几回，每当危险临近，小葡萄藤都会附着在其他许多藤条上，尽管她们在狂风中不停摇摆，在冰雪里瑟瑟发抖，但在集体力量的支撑下，她们始终微笑并成长着。

几天后，又一次的风雪到来了，小葡萄藤低头的时候，发现有棵幼小的藤条正在摇晃，看上去好像吓坏了，她对比她还小的葡萄藤说："来，到这儿来，搭在我身上……我会帮助你。"就这样，她们的团队越来越凝聚，所有藤条共同生长，叶茂，花繁，最终结满水晶般的葡萄。

所以说，沟通是我们打破巴别塔的唯一武器，也是我们对逆境最有力的还击。不论何时，记得用微笑去打动你身边的所有人，让大家看到你的信心，让大家看到你想要沟通、需要帮助的眼神，求助并不是一种丢脸或者尴尬，求助是一种沟通，是一种建立彼此信任桥梁的最有效的方式。接受别人的帮助，学会帮助别人，才能重新让我们团结起来，推倒这座现代社会的巴别塔，让逆境不再具有杀伤力。

第七章　愤怒源于自我抱怨

强烈的自我厌弃往往使人更加易怒，这种厌弃感在逆境中则来得更加猛烈。研究发现，人的愤怒最容易伤害的就是身边最亲近的人，也就是说逆境厌弃感是可以转移的，抱怨引发的负能量会随着绝望的加剧在你身边无限蔓延。

愤怒的真相

现代社会中，我们发现有些人非常容易生气，非常容易愤怒，也容易躁动，容易被刺激，这些强烈的情绪会极大程度地影响我们的正常工作。相对于那些比较舒缓的负面情绪，愤怒这种强烈的负面情绪可能会一瞬间就导致我们头脑发热，做错决定，以至于让整个局面扭转，变得全军覆没。

那么愤怒究竟是来自什么地方，我们的内心为什么会忽然之间变得充满了各种负面情绪？这些愤怒究竟是对我们自己，还是对我们身边的人？愤怒的种类很多，有时候我们会因为自己郁郁不得志而愤怒；有时候会因为自己得不到应有的信任而愤怒；有时候也会因为身边的伙伴搞砸了一切而愤怒；也有时候我们会因为自己的失误而愤怒。总而言之，我认为如果是因为失败而产生的愤怒，那和出于正义感的愤怒完全是两码事，或者称为恼羞成怒更为贴切一些。

我们这里要讨论的并不是那种看到别人被不公正地对待，由内心产生的正义的愤怒，我们讨论的是，当你在工作和生活中遇到与你的期待相反，而你又无法控制事物发展方向的时候，对于自己的逆境束手无策的愤怒。前者的愤怒，有时候可以帮助别人，可以帮助一个社会树立更加健康的道德价值观；但后者的个人愤怒就只会给你的生活蒙上一层阴影。

很多时候，我们内心产生的愤怒并不是因为别人，而是因为自己。尤其是我们身陷逆境，对前方的道路丝毫没有头绪，也不知道该如何才能打破逆境的时候，这种愤怒往往会让我们产生强烈的自我厌弃。而这种愤怒也来自于对自我的不满、对现状的不满，或者对工作中某些现状不满。

本来这种对于自身或者现状的不满，是可以导致积极向上的，因为当我们发现了自身的不足，就会想办法弥补，就会想办法自我提升，去更好地适应环境。可是偏偏有些人，总是停留在不满这个阶段，没有进一步实质性的动作，他们抱怨一切，他们对所有的事情都有意见，偏偏就是不打算做出任何改变，这时候他们就会愤怒，因为他们发现这个情况让他们束手无策，让他们越来越无法满意，当这种愤怒产生的时候，其实他们已经在抱怨的逆境里待了很久了。

另外，生活中会有一种现象不知道你有没有留意过：有些人可能只是遇到了一点儿小小的不如意，然后他们开始抱怨，开始不停地对这个不顺心表达不满，然后因为自己不停地酝酿出负面情绪，最后把自己弄得出离愤怒，甚至开始厌弃人生。基本上，这种愤怒来自内心的抱怨，我们都是普通人，当遇到不顺心，先想到的就是抱怨两句，这是正常的。但是无休止地抱怨，就会让自己的内心开始积压愤怒的小火苗，到了一定的量，就会一把火把你平静的内心给烧个精光。

因此，我们认为，如果想要让自己做一个处变不惊的人，让自己做一个看起来非常成熟稳重的人，那么就请你压制自己的愤怒，克制自己的抱怨，面临逆境绝望，首先要做的是让自己安静下来，而不是无休止地抱怨，或是惊天动地表示愤怒。一个能够少抱怨的人，相信都不会经常发火的。

世界著名画家梵高在成为画家之前，曾在一个矿区里当牧师。

刚开始，黑暗的矿井、吱吱呀呀的升降机让他感到异常恐怖，但他看看周围的人，大家居然都默不作声，只是听凭这机器把他们运进那个深不见底的黑洞里。一瞬间，梵高出现了正在被送往地狱里的幻觉。他觉得自己的才华竟然被埋没到这种地步，这里的人简直不被当作人来对待，他很愤怒，也很恐惧。

有一天，他遇见了一个年纪很大的矿工，他仿佛感受不到周遭环境的糟糕。

“你们是不是习惯了，所以就不再感觉恐惧了？”梵高问那位老人道。

“习惯了？”老人重复着这几个字，用奇怪的眼神看了梵高一眼，“我们永远不可能习惯这种生活，也永远都会有害怕的感觉，只不过我们早就学会了克制和忍耐。”

老工人的这句话对梵高触动极大，以至于在多年之后的绘画事业中，他也一直要求自己像老工人那样，学会自我克制和忍耐不如意的生活。

总会有些东西是我们无能为力的，忍耐是针对所有困难最好的治疗方案。当我们身处逆境，又实在无法改变这一切的时候，克制、忍耐即是上上之策。

一个善于克制内心愤怒的人，才会有更多的有效措施，这种有效措施在逆境当中带给你的帮助，显然要比单纯地抱怨多出许多。当你闭上嘴，让心平静下来，你的大脑才会工作，你才会开始思考如何从逆境的绝望中走出去，这样才是一个对环境不满的人应该做的事情。

愤怒是一种强烈的负能量，这种强烈会让我们的神经失去正常的弹性，让我们的大脑失去正常思考的能力。当愤怒占据你的内心，你就更容易被激怒，甚至被人利用。所以，当我们感到愤怒的时候，请做到：

1. 深呼吸，不停地深呼吸，充足的氧气可以让你的大脑获得更多的含氧细胞，这可以帮助你放松，帮助你让内心恢复平静。

2. 特别愤怒的时候，请转身离开。不要觉得没面子，不要觉得转身离开是临阵脱逃，有时候，在你有可能会做出一些令你后悔的事情之前，转身离开，让自己抽离这个令你愤怒的环境可以帮助你很多，比起做出一些覆水难收的事情，失去小小的面子反倒是不足挂齿的。

3. 如果你是因为屈辱感到愤怒，请让泪水自由地挥洒。中医认为，人体是一个整体，通则达，不通则变。当你觉得自己马上就要哭出来的时候，不妨干脆就让眼泪尽情地释放出来，这种做法可以让你的愤怒以最快最直接的方式宣泄，而不是让你做出一些错误的决定。当你冷静下来，你就会发现一切都有转机。

4. 尽量不要听信挑拨。当人特别愤怒的时候，更容易受到一些别有用心的人的从旁教唆。控制自己很难，但是请你务必要克制自己，当你愤怒的时候，如果有人来火上浇油，一定要尽可能地提高警惕，不要让自己就这么做了别人的“枪”。

总而言之，抱怨带来愤怒，而愤怒对你的未来一点儿好处也没有；当你身处顺境的时候，愤怒可能会毁掉一切，当你身处逆境的时候，愤怒同样不会带给你希望。就好像你在黑夜中乱吼乱叫，黎明也不会因为你的愤怒而提早到来。当我们看到了逆境的黑暗，请平静下来，不要让愤怒蒙蔽了双眼，寻找点点微光，才是走出逆境的方向。

逆商守则——心乱如麻时的心如止水

内心的乱会造成我们行为的乱，脑子不清醒的人最容易犯错误，而在心绪不宁的时候做出的决定，出差错的概率简直太大了，相信每个人都明白这个道理。这种混乱，也是让我们身陷逆境而无法自拔的重要原因之一。从古代开始，中国的圣贤就追求宠辱不惊，心如止水，就是因为，很早以前，中国人就明白只有内心清澈的人头脑才最清晰，才最能看清楚事物的本质，也只有当你了解了事物的本质，才能从根本上避免一些可能发生的悲剧和错误。

逆商，顾名思义，就是人面对逆境时的智商。而逆商的高低很大程度上决定于你面对混乱时的冷静程度。普通人面对逆境的时候，都会有出于本能的恐慌，这种恐慌感觉有时候会表现为绝望，有时候也会表现为愤怒。然而当一个人愤怒过后，他也会发现即使自己怎样愤怒，都无法改变现状，于是他就会变得更加绝望，最后蹲在逆境的黑暗中，一蹶不振。

当你感到内心混乱、愤怒到处汹涌的时候，抬起头看看天空，不要让自己的视线停留在狭隘的空间里，让自己学着开阔起来。在正常的生活中，没有什么事情能够把人打击致死，能把人折磨得崩溃的，只不过是人内心的那些魔鬼在作祟罢了。如果当你学会控制内心的混乱，即使在你非常愤怒的时候，你依然能够保持冷静，那么你就是一个成功的人。

有本事的人不发脾气，因为这些人知道发脾气解决不了任何问题。这些有本事的人，往往能通过更理智的方式来处理自己的情绪，当然他们也会感到愤怒，他们也会有心乱如麻的时候，但是每当遇到这种时候，这些人会找到最直接的方法去克制，他们会克制自己的脾气，不会让情绪变成他们的“主人”，当一个人能够克服自己的情绪，能够在任何情况下都保持冷静的时候，这个人一定不会做出错误的决定。我想这就是网络上流传的那句——管得住脾气才是本事。

这时候可能有些人会有不同的看法，因为发脾气是天经地义的事情，每个人都是感性动物，如果总是压抑自己的情绪，那不就变成压抑天性了吗？当然，这样说也不无道理，我们承认，每个人都有情绪，都有发脾气的时候，但是当我们过度敏感、过度抱怨，以至于给自己带来了超过本身应该产生的愤怒情绪，这就会给我们的内心带来过多的负面影响。少量的愤怒，当然不会影响我们的生活，有时候发发小脾气甚至可能有助于我们排遣抑郁的心情。但是如果在你心乱如麻的时候，愤怒占据了你的全部脑海，那么就没有任何脑容量可以用来进行正常思考，在这个时候面临选择，或者身处逆境的时候，需要的绝对不是你的愤怒，而是你的冷静。在逆境中，愤怒是不可能帮上你任何忙的，它除了能够把你推向更深的深渊之外，别无他用。

当我们面临工作或者生活中的不公平，当我们的内心无法平静地思考，我们要做的绝不是顺应“天性”，让愤怒在我们脑海中蔓延。控制自己的脾气，让自己的愤怒有一个限度，让自己找到能够迅速冷却下来的方法，心平静了，才能看清楚前面的道路，才能做出正确的选择，才能看清楚事物的本质。

我们处于人生的上坡时，愤怒可能是因为我们的自负或者不满；当我们处于逆境的时候，愤怒更多的是我们对于自己无能为力的抱怨。逆境中，想要克制自己的愤怒，就要控制自我抱怨、自我厌弃，做到心如止水，正确地看待自己，这时候愤怒只会让我们像个无头苍蝇一样乱撞，始终也无法找到正确的出口，而对自己的正确认识，才能终止我们的抱怨，才能让我们重新开始，找到路的方向。

逆境中，我们一定会遇到心乱如麻的情况，这种对自我的不满，延伸出许多自我抱怨的负面情绪，在这里我们要做的就是，越是心乱如麻，越要心如止水，因为只有这样才能让逆境不攻自破。

1. 面临选择，不要着急，不要慌不择路，用一张纸把自己的各种情况列出来，也许这样可以帮助你一目了然地知道自己需要的是什么，该如何做选择。

2. 心乱如麻的时候，听一首安静的歌曲，不要小看音乐的魅力。舒缓的音乐可以和你的大脑神经产生共振，让它们更加放松，放松大脑对你思考也是非常有帮助的，这就是为什么听一些安静的音乐可以让人的心也跟着安静下来的原因。

3. 当你心乱如麻的时候，使用外力让自己安静下来，比如转移自己的注意力，去跑步、去骑单车，让自己出汗，让自己的混乱随着运动的节奏和新陈代谢变得不再困扰你，有时候在运动的过程中，你也会找到茅塞顿开的感觉。

4. 不要让自己因为混乱而混乱，有些人之所以经常惊慌失措，是因为他们害怕一切混乱的东西，或者说他们平时对于变化的预估不足。如果你能够在平时多告诉自己，变化是绝对可能存在的，我要做的就是做好一切准备，应付可能出现的混乱，这样对于你在逆境中克服混乱的心情也是非常有帮助的。

生活就是这样，经常会出现令我们抓狂的现象。心乱如麻的我们，有时候会变得无知，变得幼稚，变得看不清楚前方的道路，变得分不清是非黑白，因此，学着心如止水，学着宁静致远，我们虽然不可能像古人一样为了追求安静而避世山中，但至少我们可以让自己的心有一片阴凉，让自己不论在什么时候，都能够给自己找到平静的缓冲带。

眼睛为什么长在前面

如果你也经常玩儿一些战略性游戏的话，你就会听过一句话——“神一样的对手，猪一样的队友”，这句话的意思简单明了，就是感觉自己的小伙伴非常不给力，让自己的队伍无法到达胜利的彼岸。人们往往就是这样，单干的“独行侠”如果不是能力超群的话，一般都会失败，而当我们进行团体协作的时候，一旦出了问题就会互相推诿，谁也不愿意承认是自己造成的失败，而几乎所有的人都认为自己有着“猪一样的队友”。

这里我们说到这种对于身边合作伙伴的不满，也是抱怨的来源之一，而这种抱怨带来的愤怒似乎更具有广泛的合理性。因为是别人的错误造成的失败，因为逆境是由于别人的决策产生的，因此我们没有责任，我们可以只在旁边抱怨一切，对那个“犯错误”的人表示愤怒，这样真的对吗？或者说，就算是错误出在别人身上，你的抱怨能带给现状任何正面的改变吗？

答案显然是否定的。

当我们开始抱怨队友，开始抱怨我们的合作伙伴，其实我们就是在抱怨自己。首先，思考一下，你当初为什么要选择这样的队友，生活不是玩游戏，不是打桌游，队友并不是随机分配，而是你自己挑选的，那么如果你认为你的队友没有完成他们应该完成的工作，或者能力不足的话，那么一开始挑选他们的你是不是也有一定的选择失误呢？

其次，当你抱怨别人的时候，仔细想一想别人是不是也在抱怨你，如果你待在一个互相抱怨的团队，那么请你尽早离开，因为这个团队是不可能有任何发展潜力的。而当别人抱怨你的时候，如果你有足够的心胸，也有足够的野心，那么请你听完这些抱怨，把里面你真正的不足当作缺点记录下来，努力完善，这对自我成长也是有一定正面帮助的。

最后，不要对你的团队发脾气，一个团队重要的是合作，是每个人各尽其能地发挥自己的作用，当你因为队友的某些失误变得愤怒，那么也许你就会成为整个团队的“老鼠屎”，这时候的愤怒可能会破坏一个团队的团结、一个团队的希望，当你的团队陷入逆境，你的愤怒可能直接导致你们全军覆没。

当你的团队陷入困境，你的愤怒往往是由于你对自己和别人的看待方式不同。人们总是把别人的缺点无限放大，而把自己的缺点放在背后。正确认识自己和队友，是避免在团队合作时发脾气或者出现矛盾的重要方法。

当你能够放下抱怨，放下对队友的不满，从自己出发，先反省自己的责任，先考虑如何解决面前的困境时，你的逆境才会开始减退，你才会看到前面的曙光。作为团队中的一员，我们必须先看到自己的不足，只有这样才能更好地协作，才能和你的团队一起不惧怕任何逆境，不惧怕任何失败的打击。

既然我们都是“眼睛长在前面”的人，那么我们应该如何认识自己的不足呢？

1. 谦虚使人谨慎。不论何时，请你做一个谦虚的人，而不是一个骄傲的人，一个谦虚的人，才能够充分认识自己的不足，才能够使自己更快速地成长，跟一个谦虚的人合作，你会发现事半功倍，而和一个骄傲的人在一起，那几乎是举步维艰。

2. 多看书，找差距。阅读是人们能够以最快方式吸收别人经验的方法，在阅读的过程中，你会发现自己有哪些地方做得不够，或者你也可以找到自己能够通过何种方式提高自己的能力，因此，不论何时，请你不要忘记阅读，不要忘记书的魔力。

3. 不要妒忌，要学习。对于那些比我们优秀的人，不要总是带着一副羡慕嫉妒恨的表情，与其去羡慕，还不如自己实打实地去向那些优秀的人学习，羡慕别人的优秀，不如就让自己也变得优秀起来，这样才是正确的做法，才是正能量的聚集。

在任何情况下，在一个团队里，请你一定要克制自己的脾气，不要对别人愤怒，不要总是把错误归咎到别人身上，每个人都有优点和缺点，如果你想要你的团队能够获得成功，如果你想要自己的团队能够打破逆境，那么你要做的就是有火儿冲着自己发，让愤怒永远远离你的队友，让正能量在你的团队中传播，而不是互相抱怨、互相挑剔，当你能够做到这一点相信你的团队也就会因为你而变得更有活力，即便是出现失误，即便是面临逆境，也能杀出重围，获得胜利。

究竟是什么击垮了巨人

如果说人们对于失败的愤怒如出一辙的话，那么现代职场里的起起伏伏也和历史有着惊人的相似，或者说现代职场里发生的一些故事，就是大时代的缩影，就是简短的历史不断重复。

在这个世界上，几乎每一个成功企业都走过最艰辛的创业期，然后通过不断拼搏，迎接不计其数的挑战，最后走向成功的巅峰。然而，并不是所有的成功企业都能够保持它们的辉煌，大多数成功的企业都会在巅峰停留一段时间之后，开始走下坡路，开始停止进步，最后彻底覆灭。这和历史上每一个国家和朝代都颇有相似之处，当一个旧的朝代没落了，新的朝代就会揭竿而起，取而代之，而当这个新的朝代走过了辉煌，也就变成了旧的朝代，然后再次被取代，周而复始，好像没有哪个帝国可以经久不衰的。

于是乎，人们开始热衷于寻找各种各样的方法来延续他们的成功，来保留他们的辉煌。书店里有很多书籍都是关于如何经营一个成功的企业，正是因为人们发现成功之后的危机，人们才会想要尽可能避免巅峰之后的覆灭。那么我们来思考一下，打败一个帝国的究竟是什么？

一个帝国的覆灭有外因，也有内因。所谓外因不外乎是时代的变革，新的社会秩序的产生，而这些外因实际上都不足以彻底击垮一个帝国；相比之下，内因就严重得多，成功之后的喜悦会淡化人们的警惕性，这时候成功者就会变得固执，变得刚愎自用，变得不再创新，甚至不再接受新鲜事物。这种内在的因素由人对于成功的惰性产生，然后成功的帝国往往变得外强中干，容易暴躁。世界上，有无数的王朝都是因为暴政，最后被新的政权推翻，那么如果一个帝国能够顺应时代的变革，控制好自己的心态，不要易怒，不要暴躁，也许历史就会变成另一个样子。

大到一个帝国的建立和覆灭，小到我们每一个人，这个道理也是同样适用。我们有一句特别俗的话叫——谦虚使人进步，骄傲使人落后。虽然我们从小学一年级就懂得这句话，但是很少有人在生活中真正做到这一点。

在我们的印象中，成功人士大多财大气粗，实力雄厚，他们有自己的气场，甚至让别人对他们的话都无可反驳。而有些成功人士却非常容易被激怒，容不得别人提任何反对意见，实际上，如果你的老板是这样一个人，或者说你自己现在是这样一个人，我劝你还是尽早离开这家公司，或者赶紧自己好好反省一下，因为一旦一个获得成功的人开始变得易怒，那么也就意味着你可能很快就要没落，很快就要被新的“政权”取代了。

我认为，击败一个成功者的往往不是对手，而是他们自己的愤怒。当一个成功者变得骄傲，变得不可一世，变得容易愤怒，他也就不可能听到任何逆耳忠言，也不可能接受任何对他成长有利的建议，于是他就开始和这个日新月异的时代脱节，他就开始慢慢变得故步自封，最后他可能都意识不到自己已经身处逆境，等他反应过来的时候，他的帝国已经彻底崩塌了。

那么愤怒究竟是如何将一个成功者打入逆境的呢？

首先，愤怒会让一个成功者变得盲目自大，看不清楚自己，也看不清楚对手。成功者往往都是经过漫长的努力和摸索，形成了自己的一套思路，那套思路带他走向了成功，他自然也就认为这套方法适用于任何时期，于是每当有人提出反对的新声音，他就会变得愤怒，久而久之，也就不知道对手已经变得有多强大，而自己已经变得有多弱小。

其次，愤怒可以让一个成功者众叛亲离。一个成功的人，如果能够继续保持谦逊低调，那么他身边的朋友就会更加尊敬他，他也会获得更多更好的人脉和机遇；相反，一个容易愤怒的成功者，会让人对他敬而远之，没有人会靠近他，没有人想要与他合作或者共事，最后在他身边剩下的只是一群阿谀奉承的小人，当他慢慢处于逆境时，就会发现自己已经陷入了孤家寡人的地步。

最后，愤怒可以让一个成功者丢掉自己的信心。我们时常分析，当一个帝国覆灭，最大的原因是当权者不愿意顺应时代的改变而进行改变。一个成功者，如果没有自信，那么他当然不敢去尝试新的事物、新的方法，因为他害怕失去他现在拥有的成功，于是他宁愿抱着现在的成功一步步走，也不敢去尝试新的挑战。而这时候，如果时代发生了改变，会立刻触发他那敏感的自卑心，他会开始愤怒、开始抱怨，最后自己把拥有的一切都给摔碎。

所以说，一个能够控制自己愤怒的普通人，就有机会获得成功；而一个能够控制自己愤怒的成功者，更可以保护自己已经拥有的成就。当你学会审视别人的不同，当你学会仔细观察，正确面对生活中的不公平，当你学会不要用愤怒去面对一切不满的时候，你就会发现事物之间的本质联系，你就会知道自己下一步应该如何做。有时候逆境和顺境只有一步之遥，最怕的就是，有的人自以为身处辉煌之中，殊不知一转身就跌落了万丈深渊。

只有善于控制自己愤怒的人，才是有自信的人，才是一个内心强大的人。如果你从现在开始想要成长为一个巨人，想要拥有一份属于自己的事业，想要让自己变成一个成功的人，那么请不要只在乎技术的积累和经验的增加，请在平时将你的内心塑造得低调而强大，让你的灵魂跟着你的事业成长得无坚不摧。

不要让怨念在逆境中蔓延

这一章我们主要分析了在不同状态下的愤怒对我们在各种环境中的影响。而逆境，是我们生活中最需要注意\也是最需要我们解决的一个问题，或者说麻烦。有时候，我们的内心混乱，我们的情绪激动，使我们无法迅速走出逆境，这时候我们会发现，逆境就好像是一个迷宫，到处都是岔道口，稍有不慎就会做出错误的选择，这样也许就会导致我们要绕更大的圈，才能找到正确的出口。

如果说逆境是一个迷宫的话，那么怨念就好像组成迷宫的每一道墙。怨念越深，迷宫的墙就越厚，范围也就变得越大，迷宫之内的道路也就变得更加狭窄，更加难以通过。而怨念，是来自于我们本身的一种情绪、一种思想。我们抱怨失败，产生怨念；我们讨厌不公平，产生怨念；我们责怪队友，产生怨念；我们痛恨不足，产生怨念。几乎生活中所有的不顺心，都可以导致我们产生怨念，而这些怨念在平时看似没有什么问题，而一旦这些怨念被植入到逆境当中，就会使你感到举步维艰，会让整个逆境变得永无尽头，好像一生都无法走出去一样!

由此看来，任何抱怨在逆境中都是徒劳的，除了消耗你自己的精力和斗志之外，没有其他作用。而作为想要获得成功的我们，要做的就是不抱怨，不抱怨才有希望，不抱怨才能心如止水，不抱怨才能获得新的感悟，不抱怨才能学会感恩，不抱怨才能领略到逆境带给我们的财富，不抱怨才能登上人生巅峰。

在逆境中，只有弱者才会发怒，只有弱者才会抱怨。在逆境中，那些站起来拍拍土就往前走的人，都是自信的人，失败了不要紧，输了不丢人，只要我还能站起来，只要我还有机会从头再来，我就不会绝望；我失败了，不怨恨任何人，因为失败是自己造成的，没有什么好抱怨的，我只能更加地努力、更加地用心，让自己更快地成长，变得更加强大，才能够走出逆境，才能够避免再次进入逆境。因此我们说，只有那些真正自信的人才能做到不抱怨，只有那些真正自信的人才能做到宠辱不惊，笑看逆境，也只有那些自信的人才能在这个总是摸不透的世界，泰然自若地走下去。

当你想要抱怨的时候，想一想自己拥有的东西。人在产生怨念的时候，总是觉得整个世界都是灰色的，总是觉得全世界都是敌人，没有人能理解我们，也没有人能相信我们，这时候请你停下来，看看你身边的朋友关切的眼神，听一听家人关切的问候，你会发现，世界并没有抛弃你，你还是拥有一些任何人都抢不走的东西。就算你连家人也失去了，可是你还是抱有那份快乐的回忆，这些美好的东西难道不足以让你放弃怨念，勇敢地走出逆境吗？

当你想要抱怨的时候，想一想你的对手在干什么。你在抱怨自己对手强大的时候，难道你的对手就会变得弱小了吗？当然不会，你的对手正看着你在逆境中挣扎，而自己在拼命地变得更加强大，因为他显然也不想变得和你一样，身陷逆境，变成一个“怨妇”。就算是攀比之心也好，想想你的对手，想想比你优秀却比你更努力的人，你有时间在这儿抱怨，还不如去做出一些改变和进步。

当你想要抱怨的时候，想一想你获得成功之后的生活。人是爱幻想的动物，正因为有憧憬，我们才拥有更多的想象力、更多的梦想。我们喜欢去勾画自己美好的未来，因为这可以让我们更有动力，可以让我们获得更大的能量去打破逆境。所以，当你想要抱怨的时候，想一想你成功之后的画面，幻想一下，给自己点儿希望，哪怕是营造一点儿幻想也好，不要放任怨念带给你生活全部的灰色，试着画点儿彩色在自己的生活中吧。

怨念会杀死你的理想，软化你的灵魂，也会让你的逆境无限延伸；摒弃你的怨念，你将重新获得希望，你将获得重整旗鼓的勇气和力量。不要做一个愤怒的人，不要对生活怀恨在心，生活本来就充满了变化，也可能充满了不公平，但在这一切的背后，对于一个能够控制自己情绪，能够控制自己愤怒，能够让自己不把时间浪费在抱怨上的人来说，都是无所谓的。因为他们就算身处逆境，也会给自己制造希望，为自己点上一盏灯，照亮前面的路；就算他们屡次失败，他们依然能够站起来从头再来。这些人拥有强大的内心和坚定不移的意志力，我们要做的就是获得这种能力，让这种精神也在我们的内心埋下种子，没有人知道你会在生命的哪一刻跌入逆境，所以，做好准备，随时让自己处于自我控制的状态，让自己的心灵平静下来，清凉下来，让自己用心去看懂这个世界。

第八章　能预测的就不叫危机

对危险的预判一直是企业管理中一项最重要的能力，然而现实中的危机并非都具有预判性。当危机毫无准备地降临，逆商就决定了你对于这种危险的处理能力。坦然冷静的心态、勇于承担责任的男气，都将决定你从逆境中破茧而出的时间。

暗潮如此汹涌——掩藏在平静下的危机

我们每天都走在熙熙攘攘的街道上，每天都做着同样的事情，上班，下班，吃饭，睡觉。生活看起来是如此的静好。实际上，当你在职场拼搏的时候，仔细观察就会发现，看似平静的企业环境，每天都会有不同的变化。看起来顺顺利利的仕途，时时刻刻都充满着挑战和陷阱。可以说，我们奋斗的这个社会处处都充满了危机，大多数时候这种危机并非站在那儿，挂着红色的警告牌，它们喜欢隐藏在平静的下面，让你以为它们不存在，就在你安心睡大觉的时候，突然蹦出来，拦住你的去路，在你慌张的时候，一口将你吞噬。

在我们为自己的事业奋斗的时候，这些掩藏在平静下的危机更是多如牛毛。几乎所有成功的人都曾经被这些突如其来的危机弄得灰头土脸，然而这些成功的人之所以最后能够成功，也正是因为他们想方设法战胜了这些危机，也从这些潜在的危机中吸取了经验教训，降低了突发性危机今后的发生频率。总而言之，在这个危机四伏的社会，我们要做的就是提高警惕，不能对任何暂时的平静和美好掉以轻心。

人，要怀着一颗感恩的心，这样才能知道生活有多美好。但是与此同时，人，也要怀着一颗警惕的心，因为生活也是很危险的。

生活中有一些危机是我们可以察觉到的，比如说，我们公司在开发一项产品，其性能和包装都是独一无二的，但是在开发过程中，居然被竞争对手抢先发售了，那么这时候有头脑的经营者就会意识到自己的先机已经失去，必须要进行一定的弥补，才能保证自己的产品获得应有的市场份额。这种危机就属于可察觉的、有表现的，因为察觉得到，所以我们更容易对这种危机做出反应，做出补救的措施，使我们最后能够从容地化解这些危机。

但是绝对不是所有的危机都是有迹可循的，我们在通往成功的道路上，更应该注意的是那些潜在的危机，那些默默地潜伏在你身边的危险，或者陷阱。就好像是，一个企业一直处于蒸蒸日上的状态，销售也很不错，企业文化也很不错，员工都很有归属感，可是谁都没有发现这个企业使用的技术开始慢慢地老旧，开始不再能够适应新的市场需求，这种“温水煮青蛙”的情况才是最可怕的，因此，这种潜伏的危机还有一个特点就是——慢性的。而我们所属的突发性的危机，只不过是这种慢性危机积累到一定量，突然爆发的结果，爆发可以说是这种危机在你没有注意到的时候，已经从一个婴儿成长为了一个巨人，因此它的猛然出现才会让我们感到措手不及。

如此看来，很多突发性危机实际上都是在漫长的平静中演化而来的，那么如何处理突发性的潜在危机，或者说如何把潜在的危机扼杀在萌芽状态，就成了一个人、一个企业能够走多远的重要因素，也是一个人逆商的重要表现。

没有人能够靠看说明书学会游泳，没有人能够不经历跌倒就学会走路。因此想要获得对潜在危机的预判能力，需要长时间和逆境、和困难博弈，不吃一次亏就不可能成长。只要不放弃自己的理想，在逆境出现、在危机突然打倒你的时候，你能够重新站起来，不论摔得多惨，不论心理有多么悲伤，都不绝望，吸取教训，不断地成长，你就能获得对这种慢性危机的敏锐嗅觉——你就会是一个人人想要学习的成功者。如果我们不能像成功者一样有敏锐的危机嗅觉，毕竟这种敏锐是在长期和逆境斗争的过程中获取的，对于一些刚刚起步的年轻开拓者而言，我们应该如何面对平静下的危机呢？

首先，告诉自己，这种情况是经常会出现的，而且会出现在每个人身上，你绝对不是特例。让自己不平衡的心态平和下来，不要压抑自己、不要抱怨自己等等，这是正常的，这是我们成长过程中需要应付的一种变化。

其次，不要变成“如果”祥林嫂，有些人面对突发状况，就会开始后悔，开始说“如果，我当时怎样怎样”，你要明白现实没有草稿，也不可能倒回过去，这就是生活，生活只能向前，没有倒带。我们要做的就是，明白事情已经发生了，懊恼和后悔都无济于事，要吸取经验，让自己迅速成长，不再让同样的悲剧再次发生。

最后，乐观一点儿，勇敢一点儿。逆境什么的，只要你能勇敢坚持，就都是纸老虎。不要放弃对自己的信心，要相信危机过后一定会有彩虹，勇敢一点儿，看到外面的大风大浪不要先从心里退缩，迎上去，有时候谁赢谁输真的不好说。

我们的生活没有战乱，没有饥饿，我们也不必冒着生命危险完成自己的理想，所谓隐藏的危机也只不过是生活给我们的一点儿小磨炼，逆境也只不过是帮助你成长的过程。拿出你不羁的勇气，让自己扬起帆去出海，不要害怕风浪，不要害怕暗礁，当你熟悉了这里的一切危险，你就可以去迎接新的挑战，而且更加成熟，更加富有经验，更加自信。

外强中干——他为什么破产

乐视的破产，是去年最热的企业案件，当贾跃亭刚刚开始创办乐视的时候，他信誓旦旦地要做视频，要做电影，要做手机，要做电视，甚至要做汽车，他描绘了一个巨大的帝国蓝图，让无数追随者倾囊相助，可瞬息之间，一切都崩塌了，他只能躲在美国，到香港听证，却始终不敢返回中国，而那些投资在乐视的钱，却再也收不回来了。没有人知道发生了什么，这究竟是运作的失败，还是一开始就是一个骗局？

生活中从不缺乏这种“暴毙”的事情，有一些很不错、很有发展前景的企业也往往会因为一点儿小小的事故而整个倒塌。一个企业会突然遇到灾难，一个人当然也有可能会突然之间遭遇逆境，这种事情对于每天都在努力的我们来说，似乎是非常难以接受的。的确，没有人能够接受无缘无故的失败，没有人能够接受毫无理由的打击。这时候，我们要思考的就是，这些忽然出现的失败，真的是忽然出现的吗？

中国人讲究有因有果，如果你一切都做得非常完美，可是却突然失败了，这几乎是不可能的。如果你失败了，那么一定有一些细节，或者有一些问题是你没有考虑到的，你认为你做了万全的准备，可事实上你并没有，这并不是说你不努力或者不聪明，这可能只是因为你的社会阅历不够、经验不足造成的，是完全可以通过后天的努力弥补的，因此这种突然失败并不可怕，因为不论你输掉哪一场，都不能算是你人生的最后一场，只要你有信心，事业就能继续。

逆境也遵循着同样的逻辑，它不会毫无理由地降临到你的身上。逆境的产生通常可以分为以下几个原因：

1. 自发性逆境。这种逆境是由于你个人的原因产生的，比如说一个人不思进取，工作上偷懒，也不能与同事好好地配合，最后丢了工作，这种逆境完全是你自己的原因，而想要走出这种逆境也非常简单，只需要你开始变得勤奋，变得努力，学会与人沟通和交流，改变你自己从而改变逆境。

2. 心理性逆境。心理上的逆境，产生得相对会比较缓慢，是由于人内心负面情绪不断增加而产生的，这种逆境也不易察觉，属于我们说的突发性的危机。比如那些喜欢抱怨的人，每天抱怨一点儿，每天悲观一点儿，最后当自己发现自己心态有问题的时候，心里的负面情绪已经积累得很多了。想要打破这种逆境的产生，要靠自己每天为自己树立信心，让自己对生活乐观起来，让负面情绪无缝可钻。

3. 环境性逆境。顾名思义，这种方式下产生的逆境通常是由于环境的改变引起的，诚如我们说过的那样，这个时代日新月异，连电影明星都一茬一茬的看得你目不暇接，更别说职场了。当环境开始改变，而你因为没有足够的经验，毫无察觉的时候，逆境就已经开始慢慢孕育了。对于这样的逆境，我们需要做的只能是不断地成长，提供自己对于危机的敏锐度，让自己成长得足够强大，坦然地面对这些危机。

没有人可以随随便便成功，自然也没有人可以随随便便失败。生活其实也很公平，当你感到沮丧、感到压抑的时候，你要明白这样的情绪绝不仅仅出现在你身上，逆境可以随时出现在任何人、任何企业身边，无论这个人有多成功，无论这个企业有多庞大。

想要提前察觉到危机的来临，重要的就是善于自省。一个善于每日三省吾身的人，就会发现，任何危机的产生都是有前奏曲的，任何失败的到来都是有迹可循的，因为他们每天都在自查，从不肯高枕无忧，而也只有这样的人，才能走得更远，成功也才能更长久。

人最容易掉以轻心的时候，就是自己看起来很强大、环境看起来都很顺利的时候。而我们要警惕的正是这种时候，当你外表看起来非常强大，你永远都不会知道你的内里正在发生什么悄悄的演变。外强中干，是对这个意思最好的解释，当一个人看起来很强悍，这个人也非常相信自己的强悍时，这是非常危险的，因为这时候只要随随便便一个小浪花打来，就能让你输得一塌糊涂。

当我们感到自己非常成功的时候，当我们开始沾沾自喜的时候，当我们开始觉得没有上升空间的时候，当我们觉得自己已经不需要奋斗的时候，我们就要开始警惕，警惕这些会让我们麻痹大意、察觉不到危机来临的心态。

为了防止这种情况发生，我们不妨每天晚上都想一想，自己今后还有什么目标？还有那些比我们优秀的人，身上有哪些品质是我们可以学习的？我们还有没有上升的空间？如果用赛跑来形容我们和逆境的关系，那么其实逆境一直在我们身边，我们跑得快就可以把它暂时甩开，我们停下，就可能会被它吞没。为了不让逆境占据我们的生活，我们只能不断地往前跑，迎接新的挑战，实现新的目标，努力不止，也就永远不会有攀登的尽头。

以卵击石还是水滴石穿

人们常说，当你和比自己强大百倍的敌人搏斗的时候，就像是“以卵击石”。对于渺小如我们而言，逆境就是非常强大的敌人，因为逆境对于每个人都是量身定做的，你不可能找到一成不变的公式去破解它。除此之外，逆境对于同样的人的不同人生阶段，也是完全不一样的，可以说，我们在生活中可能遇到的危机、可能遇到的逆境真的是千变万化，如果我们不能修炼到一身水滴石穿的本领，恐怕就没有办法打败它们，获得胜利。

危机是我们生活中经常会碰到的一种突发的逆境，比如没有工资的财政危机、没有朋友的友情危机、被家人误解的亲情危机等等。而正如我们刚才所提到的，任何一种突发性危机，都有其漫长的演化过程。正所谓千里之堤毁于蚁穴，如果一座大桥忽然倒塌，那也是因为它在倒塌之前已经千疮百孔，一阵风吹过就把桥吹塌了，也不过只是“压死骆驼的最后一根稻草”。

知道了这种突发性危机是有迹可循的，我们肯定就在想如何避免这种危机，但事实上，几乎没有人能够避免危机出现。就算是再老到、再有经验的成功人士，他们的生活也往往充满了危机。原因很简单，你无法去预测生活中下一秒会发生什么，你认为十拿九稳的事情也总会有变数产生，即使你经验丰富可以察觉到一些你熟悉的危险，但是生活比你漫长，它永远都会带给你“意外惊喜”，所以如果你真的想完全避免危机出现在你的生活中，那我劝你还是趁早打消这个念头。毕竟，危机也包含着机遇，如果你的生活完全风平浪静，那岂不是太没有意思、太不精彩了。

既然不可避免，那就学着如何战胜它。狭路相逢勇者胜，我们需要的是勇气，在面对危机的时候，我们的勇气和积极态度可以帮助我们战胜这些危机，化解危机中的危险，发掘危机中的机遇，才是我们面对危机的正确态度。

撇去你已经是成功者的情况不谈，大多数人都还在成功的道路上拼搏着。那么对于可能随时出现的灾难，我们应该如何做才能让这些打击对我们的影响降到最低呢？水滴石穿，平时一点一滴的努力、平时脚踏实地的成长就是我们能够化解危机的最好方法。就像我们的国家现在处于和平时期，但这并不代表我们就不需要军队了，相反，世界上几乎所有的国家都在展开一场又一场的军备竞赛，我们的军人每天都毫不懈怠地进行军事训练，并不是我们希望战争，也并不是我们希望称霸世界，等等，我们的军队每天坚持训练，只不过是希望突然有一天当国家需要的时候，他们可以有足够强大的力量，保护自己的国家、自己的家庭，保护自己想要保护的一切。

我们都是平常人，90%的人们一生都会是平凡的，我们不会碰到重大的天灾人祸，我们只是会在生活中时而碰到突如其来的困境，我们只是可能在通往成功的道路上忽然遇到拦住我们去路的障碍，忽然跌入逆境的谷底。生活于我们而言，也是一场小小的战斗，虽然我们是平凡的，但是也应该做好每一件平常的事情，让平凡的自己变得不平凡，因为我们至少为自己赢得了胜利，为自己赢得了该有的尊严和成功。

作为一个个人，我们的社会不要求每个人都能为社会做出多么重大的贡献，不要求每个人都能是一个有益于整个人类的人，我们需要的只是每天努力经营好自己，细水长流，让自己在面对任何危机的时候，能够用平常已经练就的钢筋铁骨，战胜挡住通往幸福的障碍，这就足够了。

想要做一个水滴石穿的人，首先要能正确地认识自我，知道什么是自己的强项、什么是自己的弱项，这样才能更好地、更有方向性地成长，让自己变得全方位地强大。人们常说决定你能走多远的不是你的优点，而是你的缺点，当你让自己尽可能地无懈可击，相信你就是一个可以战胜危机的人。

其次，想要水滴石穿，就要有持之以恒的决心。每个人的素质都不一样，也许我在这方面比别人要慢一些，那么没关系，保持足够的耐心和毅力，一天不行就两天，两天不行就五天，只要让自己朝着目标前进，速度的快慢绝不是胜负的关键。

最后一点，也是最重要的一点，仍然是心态，相信自己，不要因为自己现在弱小，而妄自菲薄。人都是会成长的，因此我们要努力让自己成长为一个能够有着乐观精神、在任何打击下都能够重新站起来的人。

如果你正在经营自己的企业，正在经营自己的梦想，那么，请你一定不要放弃每天的可以进步的机会，你需要做的就是让自己的梦想一点儿一点儿地成长起来，让自己慢慢地变得强大，在面临任何危机的时候，不再害怕，因为平时积累的强大，你就能变得更有自信，可以更加乐观地去面对种种危机，也许有些危险是你从来没有遇到过的，也许有些背叛是足以打击你内心的，如果你足够强大，这些危机也一定不足为惧。做一个水滴石穿的人，让以卵击石不再是你的标签。

危机意识本身就是一种预测

如果说我们平时的努力，可以水滴石穿，可以帮我们应付突然出现的危机，那么培养自己的危机意识，更是能够帮助我们坦然面对危机的一种重要方法。我们已经说过，大部分危机是不能预测的，而培养自己平时的危机意识，本身就是一种预测能力。危机意识，是现代社会中人们应该具备的重要品质之一。

兽有猱，小而善缘，利爪。虎首痒，辄使猱爬搔之。不休，成穴，虎殊快不觉也。猱徐取其脑啖之，而汰其余以奉虎曰："余偶有所获，腥不敢私，以献左右。"虎曰："忠哉，猱也！爱我而忘其口腹。"啖已又弗觉也。久而虎脑空，痛发，迹猱，猱则已走避高木，虎跳踉大吼乃死。

这个故事出自明代作家，讲的是有一种小动物叫作猱，它有小小的尖锐的爪子，它帮老虎搔痒，老虎很舒服，很喜欢猱，可是时间久了，忽然有一天猱把老虎的脑袋挖开，吃掉了脑髓，老虎就死掉了。这其实就是在告诉我们，当我们非常舒适的时候，警惕性往往会降低，如果老虎能有一点儿危机意识，想想猱为什么要给自己搔痒，那么也许最后老虎就不会死掉了。

生活中同样如此，我们只有平时就培养自己的危机意识，在危机出现的时候，才能坦然面对，这是一种心理建设。就好比你在平时就已经时时刻刻提防着自己忘记拿文件这件事情，宁可多拿也不少拿，那忽然有一天上司找你要一份很久以前的文件，你就可以随时找出来递给他，而不是狼狈不堪地翻箱倒柜。

任何事情，一旦人有了心理准备，那么遭遇突然打击的杀伤力也就会大大降低。在现代职场上，不能说是尔虞我诈，但是是非非也总是层出不穷。为了赢得更多的利益，同行之间或良性或恶性的竞争随处可见，这是工作中无法避免的。因此，我们必须在工作的同时，培养自己的危机意识，让自己的内心成长得更加强大，在危机来临的时候，更加坦然地面对。要知道，当逆境忽然出现，心态的平静将直接影响你的判断和决策能力。

那么，我们究竟应该如何获得危机意识呢？或者说我们应该如何培养自己的危机意识呢？首先，让我们来做一个心埋测试，测试一下你的危机意识。

一头小牛到外面来吃草，那么你觉得它会到哪里去觅食呢？

A. 山脚下

B. 大树下

C. 小溪旁

D. 农舍栅栏旁

测试结果如下：

选A：你是一个危机意识很强的人，不过有时候会有一些过于担忧，喜欢把简单的事情复杂化，本来很轻松的事情，也会让你变得很纠结、很困难。你需要的是让自己乐观起来，不需要事事担忧，生活有时候还是需要放轻松的。

选B：你属于乐天派，并不是说你没有危机意识，而是你认为任何事情都是可以解决的，所以不需要担心，你不但乐观，而且很知足，觉得自己能做好自己就足够了，至于出现的困难，也总能想到办法解决，可以说是个自信乐观的人。

选C：你的危机意识比较薄弱，时常需要人在你身边提点你，记性也不好，所以你需要在平时多注意自己的行为，多思考自己下一步的计划，让自己变成一个有计划的人，而危机意识的培养也要从平时做起，最好能做到走一步、想三步，不要让自己面临困难的时候再手足无措。

选D：你是一个有危机意识的人，而且你认为大家都应该有危机意识，所以你的表现非常强势，你认为大家应该都如你一样，但是你要明白，每个人的价值观都不同，所以别人的事情，你就不要瞎担心了，未雨绸缪做好自己就行了。

培养自己的危机意识，也要注意一个度。危机意识要从平时积累，首先让自己成为一个有计划的人，让自己能够试着去计划身边可能发生的事情；其次要乐观，要明白任何事情都可以有解决的方法；然后是不要害怕危机，要知足，不要过分要求自己或者身边的人每天都把神经绷得紧紧的，一个乐天积极的人，也是可以有危机意识的，这两者之间是绝对没有冲突的。

要培养自己的危机意识，绝不是说让你在做任何事情的时候都瞻前顾后，危机意识只是需要你对自己的人生有一个前瞻性的战略眼光，让自己成为一个有计划的人，与此同时，在平时多多积累，完善自己的缺点，让自己不断变得成熟起来，这样在面临危机的时候，你就能够泰然自若，因为事物本身就是有一定测不准规律的，当你能够坦然面对一些未知的突发事件的时候，相信你就已经有了非常成熟的危机意识，当你能够成功化解每一次危机，你的心智也就是一个成熟的人了。

与其想要避免危机出现，不如在平时就培养自己的危机意识，让这种意识使自己成熟起来，使自己强大起来，当你有危机意识，它就能够为你保驾护航，把你送到成功的彼岸。

逆境才能成就真正强大

危机的出现，经常会让我们陷入逆境，也只有逆境才能让我们成为一个真正强大的人。正如战斗中才会有真正的英雄，乱世才能有枭雄叱咤。如果你真的是一个对自己有野心的人，那么你就应该感谢那些逆境，因为只有逆境才能让你以最快的速度成长，以最有效率的方式找到自己身上的不足。如果说失败是成功之母的话，那么逆境就是你通往强大的一条捷径。

危机，顾名思义，危险与机遇。危险是我们想要避免的，但是大多数情况下，机遇和挑战都是并存的，如果你不想遇到危险，那么你也就永远发现不了身边的机遇；如果你发现了机遇在你身边，那么你一定会发现需要冒险才能获得这次改变的机会，这就是生活，它总是不肯给你百分之百的保证，它总是要在给你危险的同时才肯赐给你所谓的机遇。

为什么我们在生活中总是把“富二代”“官二代”当作贬义词，或者说至少不是褒义词。原因就是这些人在我们眼中并非通过自己的努力获得了成绩、获得了财富，他们继承了他们父辈的成就，这对于我们这些普通人来说是不公平的。也许他们没有努力获得的东西，正是我们穷尽一切想要追求的。我们佩服的、尊敬的，正是那些用自己的双手打拼的成功者，那些“草根”贵族，因为他们身上有我们的影子，我们和他们一样，在这些人身上我们能看到，作为一个普通人成功的希望。而那些所谓的“二代”也许也有着同样的努力和拼搏，但是在人们看来，他们已经拥有了一个领先所有人的平台，或者说他们的人生没有经历任何逆境，就取得了成绩，因此没有人会去真正把“富二代”或者“官二代”当作一个褒义词。

那么在危机中，或者说在逆境中我们应该如何获得属于我们的，或者可能属于我们的机遇呢？如何让自己变得强大呢？

第一，等待。伏尔泰曾经说过“天分就是持续不断地忍耐”，在面对可能出现的危机，耐心地等待是一种本领、一种天赋。当很多人都捺不住性子离开的时候，你的坚持就会带给你回报，当所有人都放弃的时候，你再坚持一步，也许你就是下一个刘翔。世间万物很奇怪，第一眼你往往看不出其中的奥义，很多事情都需要你反复地观察，一遍一遍地琢磨才能发现其中的机遇，这就是等待的意义。

第二，敢于冒险。诚然冒险就有一定的风险，但是只有冒险才能获得一些别人无法获得的机会。就像是离你很近的机遇，离别人同样很近，只有那些一般人不敢轻易尝试的机会，才能让你脱颖而出，这就是危机能带给你的东西。当你身处逆境的时候，不要害怕尝试，不要害怕冒险，既然已经输了就没什么可怕的，放手一搏有时候往往会达到出乎意料的效果。

第三，不要固执。每个人都会面对不同的危机，有些人已经从危机中获得了一些经验，这时候你不要固执，当你身陷逆境，总有些人能给你建设性的意见。不要变得骄傲、变得听不进别人的意见，在逆境中自己的努力固然重要，但如果有人能帮你一把，帮你指出方向，那也是一件很好的事情，对于给你提意见的人，要怀着感恩的心，要善于分辨有利的意见，并把这些意见付诸实现，这样也可以帮助你更好地、更敏锐地抓住危机中的机遇。

锻炼强大的内心，学会预估那些潜在危机，试着在危机发生前，就找到解决的方法，如此一来，当你真的遇到危机，你内心的冲击就会大大地降低。那么，在平时的生活中，我们如何让自己变得强大?

第一，让自己随时准备接受突发状况，有了心理准备，就没有什么能吓到你。

第二，对于自己的朋友圈、自己的人脉，要做好随时失去他们的准备，生活就是这样，变化永远比计划快，何况人有旦夕祸福，没有人能预测明天的生活。

除了对自己进行心理建设，想要成功，我们就不能害怕逆境，不要逃避逆境。危机四伏的社会中，你只能迎难而上，我们每个人都在逆风中飞翔，在风中时刻都有看不清楚的障碍，但是如果你逃避、退缩，那么你永远不可能飞得高，也不可能穿过这片迷雾。有人也许会说自己可以换个方向，但是你要懂得不论任何一个领域、任何一份工作，都充满着危机和挑战，如果你完全想要逃避危机，那么你就只能停滞不前，就好像一直待在同一个地方，不成长，也不强大。实际上，停滞不前是一种更大的冒险，也许因为你的不前进将让你失去本该属于你的优秀人生。

不论何时，不要害怕逆境，不要害怕会突然袭击你的危机，只要心足够强大，只要你平时已经把自己修炼得“百毒不侵”，那么什么事在你面前都将是浮云。

第九章　因为相信，所以成功

逆商与正能量之间存在着一种微妙的联系。当人处于逆境，正能量就显得更为重要，一个积极乐观的心态能够帮你更平静地接受现实；一个淡定冷静的分析能为你提供更大的摆脱逆境的机遇，挫折中磨炼的逆能力将为你带来更繁荣的人生。

天才与疯子

我们都羡慕成功者，就像我们都会仰慕天才一样，因为他们身上有我们无法企及的某些特点，或者说他们做到了我们普通人做不到的事情。但是我们很少会去思考，成功者这些品质是怎样炼成的。为什么人有普通人和天才之分？我认为，天才之所以是天才，因为他们的大脑在发育过程中经历过我们无法接受的刺激；而成功者之所以是成功者，也是因为他们在成长的过程中经历了我们无法想象的挫折。

而成功者在经历挫折的时候，无一例外地都选择用疯狂的意志力坚持走自己的路，用难以摧毁的自信支持着自己走出一个又一个困境。我想这就是成功者的共同点，他们从来都不认输，从来都坚信自己。他们都是天才，都是相信自己的天才，都是坚持的天才，都是努力的天才，都是不懂得认输和放弃的天才。

为了找到天才和疯子之间的关系，伦敦国王学院精神病学研究所联手瑞典斯德哥尔摩卡罗林斯卡医学院进行了一次研究。研究项目领头人名叫詹姆斯·麦克坎普，是伦敦国王学院精神病学研究所的高级讲师，专攻流行性精神病学。

这次研究的方法是，对比1988年到1997年瑞典所有15～16岁学生的毕业考试成绩和31岁以下狂躁症患者的病历记录。排除家庭教育与收入对人的影响，研究人员发现，成绩优异的学生患上狂躁症的可能性要高出4倍。这个研究结果发表在了英国《精神病学杂志》上。文章说，狂躁症可能有助于提高人在智力和学术上的表现，促进人向天才靠拢。患轻度狂躁症的人通常机智而富有创意，表现出“更能驾驭语言、记忆力更好和其他一些认知上的优势”。他们往往情绪反应夸张，可能有利于他们“在艺术、文学或音乐上发挥才能”。在疯癫的状态下，人会有“非凡的耐力和持续集中的注意力”。

这就是人们常说的，天才和疯子只有一步之遥。除了大脑形成的客观原因，我想还有一点就是，天才往往是人们无法理解的，就如梵高的偏执、贝多芬的坚持、笛卡尔的流浪。每一个天才的身上都有我们正常人所不具备的品质——同样也是坚持。他们的大脑在长年累月连续做一件事情，已经练就了一种不知道放弃的精神，这种一做就停不下来的人，我们称之为“疯子”。

在我们平常人的生活中，尤其是当我们处于逆境当中的时候，我们需要一点儿“疯狂”，我们需要一点儿“执着”。逆境中，任何可怕的事情都会出现，悲观也总是伴随在我们左右，这个时候，如果有一点儿“疯狂”的坚持，有一点儿不论怎样都相信自己的“疯狂”，有了这种“疯狂”，即使我们不会成为天才，我们也同样有机会获得成功者身上那种百折不挠的精神。有了这种“疯狂”，逆境有时候也就没有那么可怕了。

一个农场主巡视谷仓时不小心遗失了腕上名贵的金表，他找遍整个谷仓也没有找到，便贴出了一张告示：如果谁能帮我找到金表，我就给谁100美元作为酬劳。

许多人都积极参加，为了这一笔巨款，可是大家翻遍了整个谷仓，什么都没找到，慢慢地开始有人放弃，有人离开，留下来的人越来越少。他们中间有一个小男孩儿，始终一言不发地耐心寻找，他知道他需要这100美元，他的家庭需要这100美元，所以无论如何，他都不能放弃。

天越来越黑，小男孩依然在谷仓里摸来摸去。夜晚来临了，喧嚣的谷仓渐渐静了下来。突然，他听到了金表发出的轻轻的“嘀嗒、嘀嗒”声。喜出望外的小男孩努力屏住呼吸，顺着这种声音摸了下去。终于，他找到了那块金表，获得了100美元的重赏。

小男孩并没有大人的智慧和力气，却做到了大人做不到的事。只因为，他比大人们多坚持了一会儿。

我们一直在说，要正确地认识自己、评估自己，而逆境恰恰就能帮助我们重新认识自己。在面临挫折的时候，我们可以知道自己有多脆弱，我们可以知道自己有多少东西需要继续学习，我们可以知道自己和成功之间的差距还有多少。因此，逆境是生活给我们一次重新评估自我的机会。是生活让我们看看自己能有多“疯狂”的机会。也许平时我们感觉自己可能就是一个普通人，可有时候努力在逆境中坚持，却会让我们发现自己原来有如此巨大的潜能，这就是我们说的

“置之死地而后生”的含义吧。

人人都有可能遭遇挫折，当我们陷入逆境，不仅不需要害怕，而且还要欣喜和感谢：要学会爱上逆境，因为逆境正是让我们释放潜能的最好良机。挫折给你最大的好处之一，同时也是逼你非走不可的一条路，就是重新认识你自己。

谁都有可能摸到坏牌，但是，即使摸到的是一副坏牌，也要学会把它打好。要学会成长，就要学会把逆境变为成长的契机。在职场中，难免会遇到挫折和不如意。很多人一旦遭遇挫折，就会一蹶不振，无法走出挫折的阴影，久久不能释怀。其实，面对挫折应该明白以下几点：

1. 战胜挫折，能让我们心灵的力量变得更强大。

保持一种“空杯心态”，就是说开放自己的心智，让自己变成一块海绵，始终处于学习吸收的状态，这样才能不断进步，提高自己。在激烈竞争中那些最终被淘汰的人，究其原因就在于无法空掉曾经的“挫折”，始终将“挫折”作为包袱背在身上，以致无法从失败的阴影中走出来。只有不被“挫折”压垮的人，才能战胜它，从而使自己变得更自信、更稳重。强者不是天生的，强者之所以成为强者，在于他敢于对自己的心灵进行自我修炼。而挫折，则是最好的修炼机会。

2. 挫折是能力提升的最好良师。

挫折能让我们看清自己的不足，看到原来认为很成功的地方其实并不成功，原来觉得很好的方面其实还差得很远。这样，就会及时对自己进行修正，重新学习，能使自己的能力获得大的提升。

3. 一次失败并不等于终身失败，而是可以帮助我们迈向人生更大的舞台。

很多人之所以觉得挫折可怕，原因在于误以为一次失败等于终身失败。其实，只要愿意重新开始，那么挫折也可能是更大的机会，遭遇逆境的时候，往往也是需要重新认识自己的时候，只有这样，才能在逆境中重生。

但在现实中，并不是每一个人在逆境前都有重新认识自己的勇气。因为，重新认识自己是一个痛苦的过程，它意味着我们不仅要否定自己，要向那些我们曾经得意、自豪、感觉良好的东西下刀，还要熟悉、学习那些我们感到陌生甚至曾经抗拒的东西。需要重新认识自己的时候，往往都是自己的内在与外面环境有冲突、有矛盾、不和谐的时候。如果这时候只是一味拧着干，认为自己的就是对的，不肯去反思，那么矛盾只会越来越大，总也无法从逆境中走出来。

天才和疯子只有一步之遥，在逆境中，我们都要学会做一个疯子，做一个不知道什么是碰壁、什么是失败、什么是不可能的疯子。让我们的心变得坚定、变得坚强，让我们不再惧怕自己的无能，让我们爱上逆境，这样一来，逆境在我们的“疯狂”面前也就会变得束手无策，毫无杀伤力了。

挫折埋下成功的种子

2014年，《纽约时报》前主编吉尔·阿布拉姆松（Jill Abramson）在维克森林大学（Wake Forest University）毕业典礼上致辞，这场很久之前排定的演说，是阿布拉姆松被突然解职后的首次公开露面，演说中她谈到如何在困难中站起来。

这场11分钟的演讲赢得了观众的掌声和笑声，阿布拉姆松说她父亲一直向她强调，面对挫折和拥抱成功一样重要。

“对所有被抛弃的人——没有得到自己真心想要的工作的人，接到了那些可怕的研究生院拒绝信的人，”她说，“我想说，你们知道失去或无法得到某个渴求的东西时，那种希望破灭的感觉。在那个时候，展示出你到底是什么样的人。”

逆境中我们时常会感到负能量爆棚，就好像我们大部分受到挫折打击的时候，都感到自己心情非常压抑一样，这是非常正常的。那么，如果想要尽快从逆境中走出，想要以最有效率的方式找到出口，就要相信自己，要坚持下去，这种相信和坚持都可以给你的逆境注入正能量，而正能量也恰好就是撕裂逆境的最好突破口。

我们时常提到正能量，那么正能量究竟包括了什么？在我看来，人最大的正能量就是乐观，这种心态转化成人们对于生活希望和美好的坚持和相信，不论何时有一份希望和相信，正能量就不会抛弃你，正能量就能够帮助你找到逆境的出口。因此，不论我们遇到怎样的挫折，不论我们被打击得多么的体无完肤，只要心里还有那么一点点的自信，还有那么一点点的坚持，正能量的种子就会发芽，就会带给你前所未有的力量，让你在逆境中不可能被战胜，不可能被打倒。

伊尔·布拉格是美国历史上第一位荣获普利策新闻奖的黑人记者，堪称美利坚新闻史上的一大奇迹。据说，这位传奇人物的成长经历也有一定的传奇色彩。

童年时，布拉格家里很穷，父母都靠卖苦力为生，以至于年幼的布拉格认为，像他这样地位卑微的黑人是不可能有什么出息的，他只能子承父业，长大后和父亲一样做个水手。

为了打消儿子这种自暴自弃的错误心理，当布拉格九岁时，父亲带他去参观了伟大画家梵高的故居。当看到那张破旧狭窄的小木床和那双龟裂的脏皮鞋时，布拉格很奇怪地问父亲："爸爸，梵高不是世界上最伟大的画家吗？那他应该是百万富翁才对呀！有钱人怎么睡这样的床、穿这样的皮鞋呢？"父亲回答他说："儿子，其实梵高是一个连妻子都娶不起的穷人。"

不久之后，父亲又带着小布拉格去丹麦参观了安徒生的故居。和上次一样，小布拉格非常奇怪安徒生故居的墙壁上居然有斑驳点点，于是他问父亲："安徒生不是生活在皇宫里吗？这所破房子怎么会是他的呢？"

父亲告诉他，安徒生只是一个穷人，他描绘的美好生活只发生在童话里。

有了这两次伟大艺术家故居的参观经历以后，小布拉格那种"只有地位高和生活优越的人才能获得成功"的意念被彻底清除掉了，他的人生也由此发生了改变。

人能否成功，不在于贫富，只在于自己是否努力奋斗。记住：努力的结果，是把劣势转化成优势；懈怠的结果，是把优势转化成劣势。

正如我们从这个例子中看到的一样。相信自己才是战胜挫折的最好方式，而这种最基本也是最有效的正能量可以帮我们打败逆境。相反，如果我们面对挫折的时候，只剩下抱怨和绝望，那么被打败的也就只有我们自己了。

绝大多数情况下，人生的奋斗不管任何形式上的，都只有一个结果：成或败。"成王败寇"似乎已经成了约定俗成的历史定论，古往今来，很难有人超越这个定论。前面我们说到"努力得还不够"之类的话，意在奋斗的力度和深度的问题上。在面对逆境的时候，我们都知道一个简单的道理：光说不做等于没说。言行一致本身就是美德之一，是我们所倡导的。在个人奋斗上，言行一致是起码的道德素质，但最主要的还是对理想的执着追求。身体力行的核心就是坚持不懈。“坚持就是胜利”，这一句简单而复杂、普通而非凡的话将永远被奋斗的人们奉为信条。

我们对挫折或者说逆境为什么会有恐惧？因为我们都害怕那种失落和绝望带来的负面情绪，但是实际上，你看过谁真的被挫折杀死吗？有谁会因为陷入逆境就完全丧失所有的希望吗？当然没有，逆境中的负能量是无孔不入的，当你越感到自己是虚弱的、越不相信自己，负能量就会像雪球一样越滚越大。而当你懂得了坚持、懂得了自信，就会化悲愤为力量，负能量就会开始慢慢地转化成正能量，在重新定位自己之后，坚持走下去，挫折也会惧怕你，你也将获得新的希望。

美国修女泰瑞莎一生经历颇多，却从未被任何磨难打倒过。她这样表述自己的秘诀：“世界上的艰难困苦比比皆是，但是面对它时，却有人痛苦，有人欢欣，我想这跟人的心态有很重要的关系。比如，如果将之视为上天恩赐给我们的特殊礼物，我们的生活便会减少几许悲哀，平添许多快乐……”

“上天恩赐的特殊礼物”，这几个字如石击水，让我的心里翻腾起了道道涟漪，我想以后再遇到不开心的事情时，我知道怎么做了。

不久之前，我乘飞机去纽约参加一个会议，不料因为天气原因，飞机中途迫降，要停飞四个小时。我当时就烦躁起来，又沮丧又着急，但是突然间我就想起了泰瑞莎的话，顿感心情平静了许多——是啊，既然闹情绪也没用，我干吗不把它当成一份上天恩赐给我的特殊礼物呢？我平常忙得连休息日都没有，这长达四个小时的休闲时间实属难得，不正符合“恩赐”的条件吗？想到这里，我微笑起来，从包里拿出一本杂志，开始慢慢地读起来。

从这以后，每逢遇到磨难与挫折，我总会告诉自己“我又得到了一份特殊的礼物”，渐渐地，微笑已经成了我的习惯……

可以这么说，每一次挫折都是在你的人生道路上种下一颗成功的种子；每一次逆境，都是让你这颗种子更加茁壮成长的机会。而对于成功的种子来说，你的自信和坚持就是它最好的养料，不论条件多么恶劣、不论土地多么贫瘠，只要有了你的自信和坚持，这颗种子就能慢慢地长大。不要急功近利，不要奢望一步登天，也许你的成功来得比别人要慢、比别人要晚，可就算是这样，我们也需要坚持，或者说更需要坚持，因为只有坚持，才能带给我们成功，只有相信自己才能带我们走出逆境。

除了相信之外，挫折带给你的每一次体会，我们都不能忘记。也许你不知道哪一天你会成功，如愿以偿，人生得到了完满的回报，但是就在那令人激动而感慨万分的时刻里，鲜花和美酒都不能让你忘记你曾经经历的逆境。

当你穿越了无数逆境，当你经历了无数挫折，当你体会了各种各样的失败，我想成功对你来说也就只是一个结果罢了，因为你的人生已经足够精彩、足够丰富。在生活中，让我们去感谢那些挫折、感谢那些逆境曾经带给我们的绝望，就是这些东西让我们知道坚持和自信的价值，让我们知道获得成功是一件多么令人欣喜若狂的事情，让我们知道自己的能力有多么强大。每当我们走入逆境的时候，要感到高兴，要明白穿过逆境，就离成功不远了，就像是经历了最漆黑的黑夜，曙光就必然在前面了。

让血液沸腾——之所以能，是相信能

人有时候会爆发出自己都想象不出的能量，有时候往往会在绝境的时候实现华丽逆转。小时候上学的时候，在一篇文章里读过这样一句话——给自己一个没有退路的悬崖，就等于给自己一个重新奋起的机会。当时这句话带给我很深的感受，那应该就是我对逆境最初的认识。当一个人处于逆境，如果能够仍然不放弃自己的信念，仍然选择相信自己的能力，那么他将爆发出怎样强大的能力，放手一搏。我们常常说，某种情况下我们的斗志会被激发，我们的血液会为之沸腾，而当人们的情绪到达一个高潮的时候，信念也会变得前所未有地坚定，这个时候几乎没有什么是可以摧毁这个人的，包括这个世界，而恰好也是这样一个阶段，就是人对逆境进行反击的最好时机。

相信，是一种基本的正能量，是逆境中带给我们希望的源头。那么我们在这里要强调一下，是不是毫无理由的自信，或者说一味地坚持都是好的呢？人们如何定义自信与自大呢？为什么有的人坚持是百折不挠，有的人的坚持就是刚愎自用、固执己见呢？

虽然自大和自信之间的界限并不明确，但二者却有着显著的差别。自大的人总是通过贬低他人来抬高自己；而自信的人对自己的能力和水平充满信心，并具备实现理想的勇气。那么在逆境中，我们如何做一个自信而不自大的人呢？

1. 了解并承认你的优点。

若要提高自信，就必须了解并相信自身的能力和长处。了解并承认自己的优点并不是自负的行为，而是一种对自我的客观肯定。但要注意的是，在看到自己优点的同时，也要看到别人的优点，不要使用双重标准。

2. 谈话时要有眼神的交流。

和他人聊天时，目光的交流是你自信的象征。目光涣散、注意力不集中不仅仅会使你看起来很自大，而且也是很没有礼貌的行为。当别人说话时，不要一直死盯着对方的眼睛，这样会让对方感到不自在。要用自然温和的眼光关注对方的整个面部区域。

3. 没有人是完美的，犯错乃人之常情。

做错了事不要紧，如何看待和处理错误才是最重要的。自信的人往往会虚心接受自己的错误，并尝试去改正。那些从不承认错误、凡事都倾向于责备别人的人，永远不会受人尊重，永远也不会提高。

4. 找出你不自信的原因和症结所在。

比如，不善于社交，和陌生人接触的时候感到不自然；觉得自己的五官或身材不标致；觉得自己会犯错，所以在人多的场合不敢讲话，等等。大胆承认自己的问题是解决问题的第一步。

5. 对他人要尊重，不要贬低身边的人。

相信自己的能力水平没有错，但切记永远不要贬低他人。自大的人看不见自己的缺点也看不见他人的优点，他们往往会通过频繁指出别人的错误来证明自己的优秀，殊不知反而相形见绌。

6. 不要与人攀比。

无论你多优秀，总会有人在某些方面比你出色。当你盲目和别人攀比的时候，你的标准往往并不客观，因为你只看到自己的优点和别人的缺点，这是没有意义的。世界上不存在谁比谁好，只要你努力实现理想，不虚度光阴，实现自己的潜能，你就是成功的。盲目的攀比是不自信的源头。

做一个自信而不是自大的人，让逆境中的自己更成熟、更有智慧，让自己的事业，甚至人生更加明朗、更加精彩。

有一天晚上，一艘美国航空母舰在海上航行时，突然遇到大雾，能见度相当低。船长马上跑到舰上亲自坐镇，以防止发生意外。不久后，他果然看到远方有一个微弱的灯光在闪亮。船长就马上交代负责打探照灯的信号兵，用摩斯密码指示对方："这里是USS甘乃迪号，请向东转十五度，以免发生危险。"过了几分钟，对方也用灯回应道："USS甘乃迪号请注意，请向西转十五度避开。"

船长看到对方的信号后，马上怒火上升，他认为美国海军的航空母舰是全世界最大的船，哪儿有让路给其他船只的道理！他下令信号兵告诉对方："重复，这里是USS甘乃迪号，我们是航空母舰，我是船长。请立即向东转十五度，以免撞到我们。"随后对方又用灯回应："我是二等兵，我这里是灯塔，请立即向西转十五度避开。"

自信的人了解自己强的、好的一面，并清楚认知到自己是一位有价值的人。但是有自信的人会不断要求做得更好，所以很愿意向他人学习，并且会很快乐，会帮助他人、激励他人。

由此可见，逆境中一定要把握好自信的度，就像充电充过了，电池可能就废掉了一样，如果在逆境中我们变成一个自大的人，那这种情绪不但不能帮助我们走出逆境，反而会误导我们，让我们离成功越来越远。所以，请做一个相信自己的人，但是不要做一个什么意见都听不进去的“独裁者”。

有了正确的自信之后，我们要做的就是感动我们自己，想要让别人能够看到我们，想要在逆境中获得战斗的能量，首先你自己要相信，你要让自己沸腾起来，相信自己可以做到，选定自己前进的目标，不盲目，不自大，这样才是走出逆境的最好方法。

逆境中，想要让自己沸腾起来，有一个最重要的原因就是——你必须知道自己的方向，假如你没有目标，就算是箭在弦上，你也无法做出准确的判断，你可能找不到东西去相信，那这时候你就会像一只“无头苍蝇”一样，横冲直撞，迷失在逆境深处。

人生像大海航行，你就是舵手，但你一定要有既定方向。芸芸众生，哪一个人活着没有梦想？哪一双脚没有路？哪一条路没有方向？显然，方向的决定性作用在人生之海中是无可替代的。没有方向或迷失方向，你永远到达不了理想中的彼岸，因此你必须重新确立航行的路线——你要到哪里去？你要达到怎样的目的？这些问题你必须有明确的答案。有了答案你就可以豪情满怀地起航了。

自信和自大只有一步之遥，千万不要在逆境中抬起你的脚，跨越那条边界。在逆境中，有目标，知道你的航线在哪里，不要迷茫，不要停下自己的脚步。相信自己，给自己增加能量，让自己拥有成功的砝码。有了相信，有了明确的目标，有了对自己准确的定位，相信你一定能够走出一条属于自己的精彩道路，相信你一定能够在逆境中获得斗志，相信你一定能够在逆境中勇往直前。

黑暗中的舵手

从中国古代的四大发明说起，指南针的发现让我们能够走得更远，看到更多的东西。有了指南针，我们在海上航行就不会迷失方向，我们在迷雾里穿梭就不会找不到出口。指南针几乎是人类历史上最伟大的发明，没有之一。因为有了指南针，我们才能够和别的地方的人交流，才能够去看自己生活范围之外的世界，才能到更远的地方去获得财富，搜寻希望。指南针几乎就意味着生存的希望，几乎就代表着我们人类对未知世界永不屈服的探索，代表着我们对未知的坚持，代表着我们对自己的信任，代表着我们对幸福的渴望。

在逆境当中，我们需要相信自己，才能有希望。但是我们凭什么相信自己，我们为什么能知道前面一定有出路呢？这时候我们需要一个指南针，一个能够明确我们方向的东西，因为只有知道该往哪里去，我们才能安心地走下去，只有有了明确的目标，剩下的才是坚持和相信，才是持之以恒的动力。

人在逆境当中，也许并不难获得信心，当逆境刚刚来临的时候，我们都想要让自己能够坚持下去，都相信自己能够获得最后的胜利。然而，最后是什么消磨了我们的信心，让我们失去了希望？答案是：没有方向。逆境就像是迷雾一样，我们看不清前方的路，我们甚至不知道前面还有没有路，所以我们不敢前进，或者说当我们前进了很长时间，还是看不清楚路的时候，我们就不知道该如何坚持下去了。就好像，在攀岩的过程中，我们能够努力坚持下去，是因为我们知道总有一个顶峰，我们能看到它，我们就能相信，只要坚持就能到达；然而，如果我们什么都看不见，当我们拼尽全力去攀登，已经筋疲力尽的时候，仍然不知道还有多远才能够到达终点的时候，就会变得格外绝望，这就是方向对我们的信念重要的影响。

美国康奈尔大学的生物学教授威克，曾经做过这样一个实验：

他将一个玻璃瓶放在架子上，把一束光打到瓶底，玻璃瓶是敞口的，设置好之后，他把几只蜜蜂放了进去。

一分钟后，蜜蜂们发现了自身所处的困境，于是纷纷行动起来，寻找出口。很自然地，它们冲着瓶底有光的方向飞去，并且尽管一次又一次碰壁，固执的它们依然不顾死活地猛撞向明亮的“出口处”。半小时过去了，当威克教授再次回到实验台前时，发现玻璃瓶中的蜜蜂们都聚集在瓶底处，一只一只半张着翅膀，均已奄奄一息。

看到这里，威克教授释放了这些可怜的“囚徒”，把实验对象换成了几只苍蝇。和蜜蜂一样，发现了危险之后，苍蝇们也立刻行动起来，冲光亮的瓶底冲去。只不过，在一次又一次的碰壁之后，聪明的苍蝇开始尝试着撞击其他地方。它们向上冲、向下冲、向右冲，就是不再选择明亮的方向。3分钟之后，已经有一只苍蝇成功“脱险”了，又过了10分钟，六七只苍蝇皆成功逃出了玻璃瓶，重获了自由。

“看来，横冲直撞比坐以待毙要高明得多啊。”威克教授十分感慨地总结道。

行动起来固然有可能不成功，但不行动却必然会失败。另外，向着既定目标坚持不懈固然很重要，而随机应变更重要。

如果说相信是逆境中正能量的来源，那么方向就是我们相信的支点。在我们看不见的逆境中，我们究竟该如何选择前方的路，我们该如何在黑暗中摸索，该如何拥有自己前进的指南针呢？

首先，当我们看不清楚前方道路的时候，要先让自己停下脚步。朝着正确的方向前进可以离出口越来越近，但是如果朝着反方向走的话，那就是南辕北辙，平白无故地消耗体力。所以，给自己冷静下来的时间让自己思考，让自己去判断，在寻找方向的时候是最重要的。

其次，在迷雾中我们要善于尝试，也要善于怀疑。当我们看到许多岔路口，无从下手的时候，我们不妨走进去试一试，但是千万不要真的就“不撞南墙不回头”，每一条错误的道路都会有它们的标记，只要用心就能发现，但是如果因为爱面子，或者怕尴尬而明知道走了一条错误的道路，还非要走下去的话，那就是真正的“蠢”。大胆尝试，小心求证，是确定自己方向的重要原则。

第三，当我们选择方向的时候，要尽量听取别人的意见。有些人比我们年长，有些人可能也同样经历过相似的逆境，他们的意见或许会带给我们一些启迪，让我们明白如何才能做出正确的判断，因此千万不要放弃向别人求教的机会，有时候对方一句无心的提点，可能就让你少走了很多冤枉路。

除了选择自己的目标之外，还有一点很重要，那就是相信自己的选择，有些事情不坚持到最后一秒，你是不可能知道它的对和错，而且事物的好坏，本来就是可以相互转化的。有些事情，也许大家看起来都是不可行的、不可思议的，但是你经过坚持，也许恰好就证明了自己的正确。如果你走在所有人都认为正确的道路上，那么你脱颖而出的机会也会减少，因此我们在听取别人意见的时候，也要始终保留自己的观点，别人的意见也许只是帮助我们修正自己的道路，但是真正的方向一旦选定，我们就要相信自己，勇敢地走下去。

有两名下岗女工，都在自己家附近的街边上摆了一个早餐点，都是卖包子和油茶。结果一个月后，一家生意日益兴隆，一家却关门大吉，怎么回事呢？原来一切都起因于一个鸡蛋。

生意日渐兴隆的那家，在顾客点油茶时，总会询问“打一个鸡蛋还是打两个鸡蛋”；而关门大吉的那家，问的则是“打不打鸡蛋”。两种略有差别的问法，却使得第一家比第二家每天多出二三十块钱的收入。这样一来，前者负担各种费用就相对轻松一些，所以生意就做了下去；而后者呢，由于越来越不堪重负，最后只好收摊走人。又因为两家相距不太远，第二家垮掉以后，她的顾客都跑到第一家这边来了，这就让第一家的生意更上一层楼了。

世界上的成与败之间，距离有时就那么“一点点”。也许，它仅仅等于一个鸡蛋，也许，它仅仅等于1%的其他成分，但所谓的成功秘诀，往往也就在于这宝贵至极的“一点点”。不知道有多少人，用多少次失败才能换来这秘密的“一点点”，然后走向成功。

所以，无论何时，我们都不要轻视一件小事，不要忽略一个细节。

我们时常会说“开弓没有回头箭”，意思就是我们已经认定了一个方向，如果想要击中目标，就不能回头。在逆境中也是如此，我们说你可以尝试，那是在你还没有明确目标之前，一旦你明确了一条路，你就一定要坚持走完它。如果你今天选择一个目标，明天发现这个目标太过艰难而选择放弃，那么你可能永远都走不出这个逆境。回头路，在逆境中同样行不通，在逆境中我们拼的就是看谁更能坚持，看谁更自信，如果你总是“常立志”，那这样薄弱的意志，也就注定你不可能是一个可以获得成功的人。

看不清前方的道路是危险的，也是令人绝望的。但是我们要明白，这个世界是瞬息万变的，没有什么是我们可以断定的，所以我们不能恐惧前面的迷雾，不能因为前方吉凶未卜就放弃探索的想法。正是因为未知，才有成功的希望；正是因为我们不知道前方有什么，这种神秘感才能带给我们更精彩的人生。做你自己人生的舵手，带好自己的指南针，不要因为害怕触礁，而让你的人生之船抛锚在最初起航的位置。

站起来的机会——多少次的失败才换来一次成功

在这个世界上，有这样一个人——

十四岁那年走上了拳击场，初次上台被对手打得血流满面，可是他伤口包扎好后，第二日依然出现在拳击台上。某次训练中发生意外，左眼不小心受了伤，从此这只眼的视力再没恢复过。

十九岁那年上了战场。在一场战斗中被炸成重伤，从此他跟创伤结缘，全身先后中了二百多块弹片。这些弹片中的一部分至今也没能取出，永远留在了他的体内。

二十岁那年立志做一名作家。于是他不停地写啊写啊，可他的作品不断地被退回。

二十四岁那年他长久的坚持得到了回报，他的第一部著作出版了，可只印了三百册。这时的他穷困潦倒，已无法维持一家人的生活，妻子终于带着刚出世的儿子离他而去。

这个人就是欧内斯特·海明威。他在1954年获得了诺贝尔文学奖。在一本著名的小说里他写了这么一句话：人生下来不是为了被打败的。

别怕失败，就像当初有人嘲笑爱迪生试验灯丝已经失败了1200次时，爱迪生认真地反驳："不，我已经成功地知道了有1200种材料不能做灯丝。"

相信，是我们走出逆境的心理条件。也只有相信，才能让我们坦然地、正确地看待每一次挫折和失败。一定要明白的是，逆境在人的一生中绝对不是仅有一次，没有人能够因为获得了一次成功，就赢得了全部人生。就好像如果你只摔倒过一次，那是绝对不可能学会奔跑的。

面对逆境，没有人是软弱的，每个人都不希望自己被困在逆境当中。一个人，只要想，就能做到；只要相信，就会有希望。就好像是跌倒的小孩子，只要他自己愿意，他就能站起来，就能傻傻一笑，接着往前走。在无数次的跌倒之后，他才能学会如何奔跑，才能感受到那种酣畅淋漓的、奔跑的快乐。生活也是一样，并不是我们每一个人都要成为什么伟大的人，都要成为一个对社会有着杰出贡献的人。我们能做的就是当自己被挫折打倒的时候，能够自己站起来，微笑着继续走完剩下的路，这就是一个人对自己最大的信任。

未成名之前，一个青年画家租住在一间狭隘的地下室里，每日以画卖人像为生。

一天，某富翁从街头经过时，相中了他细致温婉的画风，于是请他画幅半身像。双方约好酬金为5000元。

一周后，富翁来取画，当他看到画家的蜗居时，他顿感自己给的价格过高了。“像他这样的穷人，1000块钱就是笔不小的数目了。”他想。于是他对画家说道：“你没有画出我想要的样子来，所以我只能付给你1000块钱的辛苦费。”

画家立刻摆了摆手：“不行，不行，这个价格太低了，我连购买原材料的钱都不够。”

“我就给你1000块钱，对于你来说，这个价格已经不算低了，不是吗？再说，这幅画画的是我，如果你不拿着这1000块钱的话，别人是不会花哪怕一块钱来买它的。这一点我想你比我更清楚。”富翁赖皮似的说。

画家顿时明白了，富翁是瞧不起他的落魄和穷酸，于是他愤愤不平地坚决拒绝出售。富翁盯着他道：“我最后问一句：1000块钱，你卖还是不卖？”

画家对富翁怒目相视：“我也最后告诉你一遍：我不卖。但是，如果你今天失信毁约的话，我最终会让你付出20倍的代价！”

“20倍？10万？”富翁狂笑几声道，“我才不会笨得花10万块钱来买这么一幅画呢！”

“那我们就等着瞧好了！”画家冲着富翁的背影大喊道。

被这件事刺激以后，画家甚是伤心，他发誓一定要闯出一片天地来，给那个富翁一点儿颜色看看。

10年后的一天，富翁的一位好朋友来拜访他时说：“真奇怪，博物馆为一位著名画家开设的画展上竟然有一幅你的画像，标价高得出奇——10万块！而更奇怪的是，这幅画的题目竟然是《贼》。”

富翁顿时像是被人打了一闷棍，他想起了10年前的那件事。没办法，为了保住自己的名誉，他不得不连夜赶到那家博物馆，分毫不差地把那幅画买了下来。

没有什么能够打败你，除了你自己。只要你永不泄气，挫折就会反过来成为助你成长的阶梯，一直通向你所希望的境地。

因为相信，所以能够站起来；因为失败过无数次，所以最后成功了。这些老掉牙的道理，每个人都懂。但就像是跌倒就会痛一样，没有人喜欢反复地失败，没有人会渴望遭受一次又一次的打击，但是如果你因为挫折而止步不前，那就不要为自己的失败找理由了，软弱就是你失败最好的理由。

一个软弱的人，就是一个怕输的人，一个跌倒了不敢站起来的人，这样的人，也根本配不上成功。有些人也会遇到挫折，但他们从来不怕挫折，甚至到最后，如果生活中没有一点儿打击，他就会觉得索然无味，当你练就了这样一身本事，难道还有什么东西可以打败你吗？

不要为自己的软弱找借口，不要为自己的止步不前抱怨。一切在逆境中的决定，都是你自己做出来的，所有的道路都是你自己选择的。如果你连自己都无法相信，那么生活带给你的就只能是失望和无聊。

那么，如何面对无数次的失败呢？

首先，要懂得付诸行动，不要害怕失败。

迈出第一步是很重要的，但更重要的是在迈出第一步之前就下定决心，用行动而不是用害怕和猜疑去面对事实。

面对工作任务时，有的人会在计划好之后立即开始行动，以行动来检验最后的结果。然而也有另外一些人，却对此犹犹豫豫，在他们的脑海中会毫无根据地出现各种各样的结果。于是他们便开始考虑着退却，开始想着用编造的结果来敷衍上司。这样的人组成的团队将是一个没有积极性、无法创新的团队，因为他们最怕的就是开始新的工作，他们无法面对未知的因素。一个成功的公司就是建立在成功的员工团体之上的。永远记住一点，在面对任务、工作时，每个员工的实际行动才是公司成功的起点。

其次，敢于面对自己的缺陷。一个能够认识自己缺点的人，才会真正地自信，因为他从不逃避自己的不足。首先面对，才能纠正。如果你根本不敢承认自己的缺点，那么改正和提高也就无从谈起。

此外，不要责怪别人。如果你总是把责任推卸给别人，你就不会从失败中吸取任何教训。懂得从失败中学习。“犯错是无价之宝，要学会从错误中获益”，这是个难得的教训。经历了愤怒和破产，就要从跌倒处爬起来，吸取教训，而不是一蹶不振。

逆境真的没什么可怕的，挫折也绝非无法战胜的，虽然这个世界上没有什么是我们可以百分之百确定的，虽然没有什么是无坚不摧的，但我们至少可以让自己成为一个不能被战胜的人，相信多一点儿，就没有什么能打败你；相信多一点儿，你就会拥有更多的希望；相信多一点儿，你才能给自己更多的机会；相信多一点儿，逆境在你面前才能无法耀武扬威。

第十章　向打你的人学习

理论上来说，没有人会永远失败，更没有人会总是成功。失败可以带给人经验和教训，成功能够赋予你自信与财富，两者之间往往只有一步之差。被人打败并非是一件坏事，至少能让你看清楚自己究竟缺少些什么，用失败者的逻辑成长也是一种逆商。

用失败者的逻辑看世界

前面的章节已经无数次地提到逆境、挫折。所有这些人生状态，都可以用两个字来形容——失败。我们已经了解了，应该如何面对失败，如何正确地从失败中吸取教训。千百年来，我们都在总结各种教训，企图使我们在今后的发展中避免失败，但从来没有成功过。也许我们避免了A类失败，可又遭遇了

B类失败；每当我们认为已经吸取了足够的经验，下一次的逆境一定会告诉我们，自己是有多么的天真，失败总是无孔不入。

于是，我非常好奇，为什么这个世界上要有失败呢？就像是我们照着菜谱一点儿不走样地去做一道菜，仍然有失败的可能性。那么有没有什么规律或者知识，只要学会了，就不会失败呢？如果有一个没有失败的人生，那该是多么美好的事情。当然，每个人都能看出我的想法是多么幼稚，不论你准备得多完善，无论你已经吸取了多少次的经验，只要你选择继续进步，只要你选择继续创新，只要你选择继续拼搏，那么失败对你而言，就是家常便饭。与其想着如何才能杜绝失败，不如做一个敢于面对失败的人。

做一个敢于失败的人，首先必须做一个敢于尝试的人。从我们生下来到现在，每天都在不停地尝试，可以这么说，当我们停止尝试的时候，我们的人生也就不再成长了。就好像一个经历了高考的学生考上了大学，如果不继续学习，那么，不但知识不会有任何提高，之前学到的各种函数、各种文言文也会随着时间流逝慢慢忘记。所以，在日常生活中，我们要做一个敢于尝试的人，不要害怕尝试后的不尽如人意，毕竟只有你尝试之后，才能知道你是否能够获得成功。

做一个敢于失败的人，也要学会观察。没有逻辑和思考的胡乱尝试，是事倍功半的，神农氏尝百草，那也只是处于当时的环境，你绝对没有见过现代医学院的哪个教授，自己跑到深山老林把野外的草一样一样地拿来吃吧？这是因为我们已经有了典籍，很多东西我们可以从书本上获得，也就不需要我们去重复前人的尝试。因此在尝试之前，要学会观察、观察你身边有没有可以利用的资源、有没有可以直接获得结果的途径，如果有，那么我们完全没有必要去以身犯险，不耻下问就能解决我们的燃眉之急。

做一个敢于失败的人，还要懂得放低姿态。有很多人之所以觉得失败特别可怕，是因为怕失败了之后丢了面子，让自己很尴尬。这种情况在小有成绩的那些人中间尤为明显，比如说一个小经理就很不愿意在下属面前丢了面子，不愿意承认自己的失败。实际上，闻道有先后，术业有专攻，就算你在某一方面领先别人很多，你也一定还有不如别人的地方，那么失败也就是合情合理的，只要能够帮助自己成长和进步，面子这种东西有时候还是能省就省吧。

杰克：“你为什么要当水手呢？”

水手：“因为我喜欢大海，我们家祖祖辈辈都向往大海。”

杰克：“哦？那你的祖辈人也是水手了？”

水手：“是啊，我祖父就死在大海里。”

杰克：“那你父亲呢？”

水手："我父亲也死在大海里。"

杰克："哦，那你可要小心点儿。你是独生子吗？"

水手："不，我还有一个哥哥，不过三年前他也死在大海里了。"

杰克："天哪，如果我是你，我将再也不会靠近大海一步！"

水手扭过头来看着杰克："你的祖父死在哪儿？"

杰克："床上。"

水手："你父亲呢？"

杰克："也是床上。"

水手："那么如果我是你，我将再也不会到床上去！"说完，水手便转身走了，留下杰克愣在原地。

几年之后，杰克又和那位水手相遇了。

水手："嗨，伙计，你还好吗？"

杰克："我还是老样子。你呢？没遇上什么危险吧？"

水手："我遇上过很多次危险，但因此积累了丰富的经验。现在，我已经是船长了。"

水手说完又走了，杰克又一次愣在了原地。

害怕失败，就永远不能成功。世界上不存在万无一失的成功之路，要想成功，必须具备不怕失败的勇气和冒险精神，否则，你的一生只能是碌碌无为。

人们常说，成功者都有一定的共性，而失败者则各有各的失败。这句话是没错的，成功者的普遍共性是——绝对不是轻易获得成功的，而失败者则由于各种各样的原因，没有办法达到自己的要求，或者说因为各种各样的不足，而无法成为人生的赢家。

对于我们普通人来说，如果从来都没有失败过，绝对不是一件什么值得高兴的事情。如果一个人从来没有失败过，那么这个人的内心会非常脆弱，即使这种人看起来很优秀，但是，这种人一旦经历一点小小的挫折就会受不了。就像一个从来没有吃过辣椒的人，你随便给他吃点儿辣椒，他也会被辣得流眼泪。这种现象大多出现在青少年身上，现在有很多“小神童”经常会出现在人们的视野中，从小什么都行，家长保护得也很好，然后慢慢长大，这些神童从来都没有接受过失败教育，于是他们的内心被骄傲或者自大填满，他们的世界观甚至都是不正确的，有一天，当他们成年遭遇挫折，就会感到世界都好像崩塌了一样。

我们应该感谢成长中无处不在的失败，从未失败绝对不是一件好事，不论是对于青少年来说，还是对处于职场的我们而言，失败的重要意义无以复加。

想要做一个能够真的接受失败，并从中能发掘出价值的人，就要懂得用失败者的逻辑去看待这个世界。所谓失败者的逻辑，就是一切都有上升的空间，既然失败了，那就从头来过吧。我们说的失败者的逻辑并不是悲观厌世，并不是不再努力、自暴自弃。我们所说的失败者的逻辑，就是在生活中把自己放在一个失败者的位置上，让自己发现生活中永远都有需要我们学习的地方，这样的低调和谦逊，相信我们在很多成功人士身上都可以见到。我们把那些骄横跋扈的成功企业家称为暴发户，而我们尊重那些已经获得成功却仍然觉得自己做得很不够的人，因为他们的谦逊和低调，让我们看到自己和他们真实的差距。

马云曾经讲过这样一个故事：

他曾经去拜访过中国武侠小说大师金庸先生，当时他进去和金庸握手，诚恳地介绍自己是谁的时候，金庸先生说了这样一句话："您好，您好，鄙人金庸，没怎么读过书。"当马云走进金庸的书房才发现，里面堆满了各种类型的书，问其原因，金庸先生认为，书这辈子都是读不够的，所以不论什么时候，他都认为自己的书读得不够多。也正是这种谦逊使得金庸先生的文学造诣得以越来越高。这就是我们所谓的用失败者的逻辑看自己，用失败者的逻辑看世界。

用失败者的逻辑看这个世界，也要学会听那些失败的人讲故事。别人的失败也许和你的情况不尽相同，但是这个世界上有一种东西叫作经验。经验可以自己获得，也可以通过观察和思考别人的失败来汲取。当有些曾经失败的人或者刚刚失败的人来找你诉苦或者抱怨的时候，请耐心倾听，认真思考，必要的时候可以追问细节，在他的诉说中你可以对照自己，看看你有没有可能也在同样的问题上存在不足，看看自己有没有可能也会出现同样的失败。

害怕失败就一定会失败

我们中国人很相信“因”和“果”，凡是出现的某种结果，一定能从之前所做的事情中找到原因。没有无缘无故的结果，每件事情都有着千丝万缕的联系。那么，我们生活中的失败究竟有没有原因呢？或者说是不是每一次失败都有必然的原因呢？还是说失败有时候是偶然的，是由于我们某些客观原因导致的呢？

说到失败的必然性，我们很容易理解。根据亚里士多德的逻辑三段论，我们可以知道，一件事情的发生应该有其大前提、小前提，然后才是结论，从逻辑学上来讲，任何事情都应该符合逻辑三段论，不然就是不科学的。那么对于失败而言，大前提就是我们做了一件新的尝试，小前提是我们没有做完全的考虑，或者我们在做的过程中出现了始料未及的事情，结论就是我们失败了。几乎所有的失败，都是因为出现了没有考虑到的状况而发生的，就像是我们照着菜谱烧菜，一点配料和食材都没有买错，可是却忽略了火候的掌握，这是书上没有讲到的，是需要时间来练习的，于是我们的菜没有做好。这就是失败的必然性，可以这么说，因为不成熟，所以失败。

而失败的偶然性，则更是偶遇突发状况造成的。比如我们举办一场婚礼，一切都万事俱备，连消防车我们都联系好了，可是万万没想到结婚过程中会有“前任”或者“小三”来砸场子，这就是突发性的，而这种失败就是偶然性的，所谓偶然性就是没有人可以预测的，也不具有普遍重复性，它就像是生活给我们的惊喜，随时可能降临到我们头上。

既然失败有其必然性，那么我们是不是能够最大程度地避免这种必然性呢？既然知道了原因，我们是不是就可以完美地将其化解呢？理论上来说是可以的，但问题是有很多原因，在我们没有看到结果之前，它是不会浮出水面的。比如我们从事一项科学实验，我们必须尝试各种材料，因为一种材料的尝试失败，才能告诉我们这种材料的不合适，我们才能进行下一步实验，这种必须采用排除法才能得出正确结论的事情，在生活中屡见不鲜。也就是说，你想要避免失败，你就必须经历失败。

对于偶然性的失败，我们既然无法预测，这种失败也不具有可重复性，那么我们就更加无法很好地避开这些偶然性。

于是，我们认为，失败和我们的人生可能存在着这样一种关系：当我们害怕失败的时候，就一定会失败；当我们不害怕失败的时候，失败与否对我们而言也就无所谓了。

当我们恐惧失败的时候，我们做任何事情都不能够全身心地去投入，因为我们把有限的精力还放到了“忧虑”上去，我们害怕失败的时候，很有可能连起码的尝试都不去做，那这样一来就不会失败了。错！不去尝试，那就是从一开始你就失败了，你连失败的机会都没有给自己，又怎么可能会有成功呢？害怕必然的失败，导致的就是止步不前；而害怕偶然的失败，更是能让一个人精神崩溃，变成一个妄想症患者。

如果说，对失败的恐惧会导致毋庸置疑的失败的话，那么如何才能克服对失败的恐惧呢？

首先，让自己尽可能地多栽跟头。当然这不是说我们做事情不认真，然后才让自己总是失败，我们应该让自己尽可能地尝试各种失败的滋味。就好像有些东西，一开始吃不习惯，吃着吃着就能够爱上这种味道。当你能够让自己爱上失败，别人一夸你你就崩溃，一打击你你就来劲，那我只能说你非成功不可了。

其次，让自己的观念扭转一下——失败也没什么大不了的嘛，又不会死人。现代社会我们从事的大多数行业都不会由于你的失误造成致命的打击。投资失败，那顶多就是欠一些钱，再赚就是了；没有考到某个牌照，那顶多就是再教一次学费而已；没有拿到这份合同，那也就是被上司骂两句，最多开除你，再找一份工作东山再起就是了。没有什么失败是能够把你一下子丢进地狱里去的。

同时，对于失败，心怀感恩。不论何时我们都强调，心态是非常重要的，人生就像一面镜子，你对着它笑，它就对着你笑，你骂它，它就骂你。当你能够感谢失败，那么失败在你眼中也就不再是张牙舞爪的，而是带给你无限的财富和智慧。

做一个爱上失败的人，做一个喜欢成为失败者的人，当你能够爱上失败，那么失败对于你来说无论是必然的还是偶然的都没有任何意义，因为你从未惧怕过，也从未想过逃避失败，你所考虑的就是把每一件事情认认真真地做好，把每一天努力地过得完美，对于出现的失败，你只觉得这是再平常不过的了，每当失败出现，你能明白这是上天赐给你进步的机会，你怀着一颗感恩的心面对生活中所有的失败，这样的一个人，我不相信有什么失败可以击垮你。

用一句非常俗的话来结尾——人生如果是一场旅程，那么失败就是点缀我们人生的美丽风景。我们经历失败的时候，也许会是痛苦的，但是当我们度过失败，从中获得成长和进步，回首看来，这些失败就是组成了我们人生点点滴滴的快乐回忆。失败只不过是一种经历，没什么好惧怕的，就好像每个人都会感冒一样，生病难过都是正常的，但是我们的身体在不断地成长，在不断地获得抗体和抵抗力，总有一天，当你怀着激动的心情面对即将到来的失败的时候，能够莞尔一笑地告诉自己：没什么大不了的，我都习惯了。

“后”的意义——时间磨炼的厚重

如果说失败是人生的经历，那么这场经历的过程就是由时间来完成的。我们每个人都在时间中成长，在时间流逝的过程中一点一滴地成长起来，获得与我们年龄相匹配的经验与智慧。通过时间的打磨，我们才能摆脱幼稚的自己，时间带给我们的是成长，是变得成熟，也是我们面对失败时，最最有利的盟友，或者最最残忍的死敌。

无论如何，每次失败都会在我们身上留下烙印，这种烙印的深刻与否，取决于该次失败对我们带来的影响重大与否。而我们经常会用“失败后”“经历后”“尝试后”来表达我们对一件事物的经历。“后”是一个时态，它代表了一种时间的沉淀，也代表了我们形形色色的成长痕迹。

世界的不准确性和逆境的无处不在是生活的常态，我们避无可避，那么我们要关心的就不是如何不进入逆境，或者说如何逃避这些逃避不掉的东西。我们应当关注的是——“之后”的故事。在我们经历失败之后，我们总结出了怎样的经验；在我们经历打击之后，我们有了怎样的成长；在我们跌倒之后，我们对前面的道路有了怎样新的认识。这才是我们想要成长的态度，关注“之后”，而不是抱怨和后悔自己“当初”一步踏错，现在满盘皆输。

一个被逆境折磨过的人，一个经历了失败之后的人，该是什么样子的，他的人生就会是什么样子的。一个在被逆境折磨之后吸取经验、火速成长的人，就是我们应当有的“之后”的态度。

1993年10月，加拿大举行总理竞选，让·克雷蒂安是实力相当强的候选人之一。因为长得丑，他被竞争对手利用广告来打击，甚至直接攻击他的缺点。的确，克雷蒂安的相貌很丑，而且生下来就有残疾——他的左脸是麻痹的，说话时稍有口吃，嘴巴会歪向一边，并且一只耳朵失聪。可是，那个对手怎么也没想到，他自以为高明的招数使出来之后，反倒引起了大多数选民的反感，尤其是当大家知道了克雷蒂安的传奇经历之后，更加坚定地把自己手中的选票投给了这位身残志坚的英雄。

那么，他到底是用什么吸引住了众人呢？其实说出来很简单，那就是他战胜“自卑”的过程。设身处地地想一想，如果一生下来就是上文所描述的那个样子，恐怕谁都免不了坠入极度自卑的深渊，小时候的克雷蒂安也是一样。那时候的他常常默不作声地躲在某个角落里，幻想自己长的是某某的脸，然后就悲哀地啜泣不已。

看到儿子如此自卑，坚强的母亲决心拯救他，她这样鼓励儿子："每一只美丽的蝴蝶，都是历尽艰辛冲破束缚它的难看的茧壳，才拥有漂亮的未来的。"她甚至不惜花费时间，专门找来了一只正在破茧而出的蛹给儿子看。母亲的那句话和亲眼看到的"破茧成蝶"深深打动了克雷蒂安，他决心不辜负母亲的期望，坚强、自信、乐观起来。于是，他开始成百上千次地锻炼面部肌肉，并口含小石子进行说话练习。经过长时间的艰苦磨炼，克雷蒂安不但拥有了一副好口才，而且顺利完成了学业，并取得了十分优异的成绩。

多年后，他在大选中胜出，并承诺要带领人民和国家成为一只美丽的蝴蝶。

被失败折磨过的人，更懂得失败的意义，就像是经历过饥荒的人，更懂得粮食的珍贵一样。没有经历过逆境，你是不可能获得经验的。小马过河的故事，我们从小学开始就知道，想要获得一些技能和经验，就要亲自去尝试、亲自去试验，否则只能望洋兴叹。因此在遭遇逆境之后，你是一个什么样的人、你是一种什么样的心态，决定了你的人生走向。

生活中，职场中，我们都顶着巨大的生存压力，我们都像所有人一样，从零开始奋斗，我们也像所有人一样，向往着有一天能拥有成功和财富。但是不挨打是学不会打架的，光看棋谱是学不会下棋的。想要真正地练就一身钢筋铁骨，就要把自己丢到社会中去历练，无数次的挨打之后，才能让你拥有一层老茧一样的保护壳。在无数次的失败之后，你才能找到成功的奥义。如果你想要获得，就要等“之后”，也就是说你必须经历了之后才可能拥有，如果你从一开始就因为惧怕而放弃经历，那么你的“之后”永远也不会到来，你的成功也只能是镜花水月。

某教授带领他的10名学生进入了一间漆黑无比的小房子，然后告诉大家：“今天，我们要在这间房子里做一个实验。首先，请在我的引导下走到房间的那一边。”

说完，教授便拉起了排头学生的手，然后小心翼翼地向前走去，后面的学生也一个拉一个，依次走了过去。等大家都成功到达房间的另一侧之后，教授打开了房间的一盏灯。顿时，所有人都倒吸了一口冷气，几个胆小的学生更是吓得叫了起来。原来，这间房子的地面居然是一个大坑，坑里养着无数条形态各异的毒蛇，一条条目光如炬，有些还时不时向坑外的人吐着芯子。而刚才他们走过来的就是一个独木桥。

“现在，你们当中有谁愿意再走一遍？”教授转身问学生。没有人回答。过了很久，有两个胆大的站了出来。第一个人虽然小心地走了过去，但是速度明显慢了下来。随后，第二个也颤颤巍巍地踏上了独木桥，但走到一半时深感恐惧，最后，不得不趴在小桥上爬了过去。

两人都到达对面之后，教授又打开了房内的另外几盏灯，灯光把房间照得如同白昼。直到这时，人们才发现：独木桥的下方装有一张非常细密的安全网，只是由于网线颜色极浅，他们刚才没看出来。

“现在，又有哪位愿意再通过一次这座小木桥呢？”教授又问道。

没过多久，3个人便站了出来。

“你们呢？”教授问剩下的5个人，“你们为什么还不愿意呢？”

“这张网能确保我们的安全吗？”那几个人异口同声地问。

失败，固然与能力不足、力量薄弱不无关系，但首要的原因多为信心不足，以至于还没有上场，就因为内心的恐惧或顾虑败下阵来。

当我们接受了经历，要做的事情就很简单了，我们也重复了无数遍了——总结思考。一个不会总结经验、不会思考因果的人，不论经历多少次都不会长大。我们为什么总说“不要在一个坑里摔倒两次”，意思就是你已经失败过一次，就应该总结经验教训，就应该让自己懂得不要再次经历同样的失败。我们所说的不要惧怕失败，并不是说我们可以在一个地方反复地失败，这是不对的，这是一种对于失败的强烈浪费和不尊重。

每当我们失败之后，首先要做的不是抱怨，不是绝望，也不是忧伤，而是好好总结一下失败的原因，虽然必然的失败无法避免，但至少我们可以让自己从这些失败中学到成长，让自己能在面对下次失败的时候拥有更多的经验，当你尝试了无数次的失败之后，也许下一次就是成功。但如果你是一个不懂得总结、不懂得吸取经验教训的人，那么就算你经历了失败，你之后的人生仍然会是一团乱麻。

失败和时间是两个有着紧密联系的事物。每一次失败都需要时间才能让你从中总结出经验与教训，有些失败我们可能一开始找不到原因，但经过时间的打磨，我们的心智更加成熟之后，也许就能明白一些我们当初无法弄清楚的原因。就像是父母跟年轻子女讲道理的时候，子女往往很叛逆，听不进去，但是经过时间的打磨，他们开始发现自己的父母是正确的，这就是在你身上留下的与岁月相匹配的智慧，也是你经历失败之后获得的成长和进步。

一个没有经历过失败的人，他的生命不会丰富；一个没有经历过苦难的人，他的人生就不会有内涵，他将是一个永远不成熟的人。世界本来就有许多难言的苦，如果你是强者，那么，请学会承受。

从前，有一位技艺高超的走钢丝的演员抱着助手说："兄弟，谢谢你。亲爱的兄弟，这是魔鬼的恶作剧，一阵微风，吹下了屋顶的灰尘，掉入我的眼睛，我在16米高空中失明了。我对自己说，我应该坚持，我在心中一秒一秒地数着，就在刹那间，我感觉到泪水出来了，这是我救命的圣水，它很快把灰尘冲了出来。但是，如果你那时候唤我一声，我肯定会分心或者依赖你，但这样做谁都知道后果是什么……"这名演员之所以能走完钢丝，是因为他承受住了在高空中"失明"的压力，这并不只是表演的成功，这还使他从死亡的边缘上走了回来，他这次没有系保险绳。

生活中有许许多多我们始料未及的事情，正如"欲渡黄河冰塞川，将登太行雪满山"。比如，第二次世界大战的魁首——希特勒，他借军事强国德意志之手，来称霸世界，妄图实现自己疯狂的人生目标，而二战后期，他并没有承受住多国部队的反战，以死亡为结局。如果希特勒把自己的才华不用在战争上，他可能成为伟大的军事家、政治家，而德国在他正确的领导下很可能成为当今世界强国。

麦当劳不打肯德基

人的一生中，成败还和另外一样东西有着非常重要的关系——对手。我们从出生开始，就面临着竞争，作为生物，我们要通过竞争来获取尽可能多的资源，让自己的生活条件比其他的人好，这并不是什么攀比的癖好，而是生物的本能。在中国，这种竞争体现在无处不在的考试中，体现在职场的各种拼杀中。我们要和全国的青少年竞争去上一个好的大学，然后竞争一份好的工作，竞争一个好的岗位，竞争一份足够高的薪水，竞争一个足够优秀的配偶，竞争一个更加优秀的后代，等等，周而复始。竞争存在于我们生活中的每一个阶段，而对手则是这些阶段中的竞争搭档。

也许的确有些人没有朋友、没有亲人，但是只要你是一个群体动物，只要你在这个社会生存，你就不可能没有对手。我们的对手显示了我们自己的身价，显示了我们自身的能力价值，可以说你有什么档次的对手，你就拥有那种档次的人生。

市场经济是一种竞争经济，企业间的竞争无可厚非。商业寡头之间从彼此白热化的竞争到如此近距离的血刃是一种进步，首先说明中国的市场经济发展速度快，中国的商业竞争已进入了新的阶段。试想在计划经济和物资短缺的年代，竞争显得多么无中生有和不可理喻。被圈养在动物园里的老虎，终日衣食无忧，没有竞争，却无情地被大自然所淘汰。当人们想把它们放归自然，恢复野性，才发现这是一件多么艰难的事情。

竞争是发展的必由之路。相对公正的竞争，是必须肯定并大力提倡的。竞争者们在疯狂的厮杀之后都需要冷静地思考；竞争的目的到底是什么？是“你死我活”还是“携手共进”？

将竞争对手的资源为我所用。最近，一项称作“聚能燃烧”的节能环保新技术在华帝燃具问世。该技术的核心在于合金多孔蜂窝发热体技术。它能够将热能转化为红外光波进行加热，不仅减少热量流失，还能激发相当于燃气效能60%的高能光波，与火焰形成双重加热，节约能源37%，并大幅节约天然气和大大减少碳排放。掌握这项全球燃气具领域具有自主知识产权新技术的华帝完全可以坐享其成，但华帝表示，华帝愿意和同行携手合作，共同培育和占领市场，促进行业整体发展。这种以行业整体利益为重的做法同时也能弥补华帝产能不足的问题，整合其他兄弟企业的优势为其所用。

就好像麦当劳和肯德基一样，这样的棋逢对手，这样的博弈无时无刻不在进行，但是我们很难看到他们之间的恶性竞争，很难看到他们之间互相诋毁，除了麦当劳和肯德基，还有可口可乐与百事可乐，这些国际知名的企业都懂得一个道理，对手之间的博弈应该是良性的，当你中伤自己的竞争对手，你也就等于把失败的雾霾同样带到了自己头上。

失败，是因为对手比自己优秀，但这并不等于灾难。真正的灾难是没有对手、没有竞争，在这种环境下就好比温水煮青蛙，你永远看不到自己的不足，永远没办法总结自己失败的经验，因为你根本意识不到自己的失败。没有比较，就没有进步，所以可以这么说，如果说一个人的生活中没有对手，那么这个人的生活也就不可能有什么成就。

这就好像一个武林高手，修炼多年，绝技在身，行走江湖之后，却发现自己没有了对手，他只能来往江湖和自己的想象搏斗……空怀一身绝技而无人为之喝彩！最终只有退隐于世外。这才是最大的悲哀！

没有人一出生就是强者，所以我们应当在年轻幼稚的时候，让自己尽可能地多尝试失败的滋味。我们初出茅庐，或者到达一个新的环境，我们一定会发现一些比我们强大得多得多的对手正虎视眈眈地等在那里，不要害怕，不要退缩，这些对手都是帮助你前进的垫脚石。对于那些欺负你、打击你的人，把胜利从你手中夺走的人，不要怀恨在心，因为愤怒和抱怨只能让你的心智无法走向成熟，把心态放平衡，让他们对你的打击成为你前进的动力，向打你的人学习，他之所以能够打你，就是因为他比你强大，但是你要明白：你今天的弱小不代表你今后的弱小，只要你能够把他身上的强大学过来，那么总有一天你是可以比他还要强大的。

好的对手，是你胜利的阶梯，是帮你总结失败的最好榜样。如果说让你凭空总结失败的教训有一定难度，那么如果有对手在你身边就容易得多了。他成功了，你失败了，你只需要对照你和他之间的差距，就能轻而易举地发现自己失败的原因，这样的对手难道不值得你尊重和感谢吗？

如果这个世界上有一个比你更了解你、更懂你的人，那么他很有可能就是你的对手了。

曹操与刘备煮酒论英雄，虽然有人说曹操气度不够、刚愎自用，但他在知道刘备有可能成为他的对手时，并没有先下手为强啊！他甚至对刘备说：“天下英雄，唯操与使君。”这种对对手的认同——尽管他们当时尚未成为对手——是多么的难得！

现实生活中，人们对自己的对手，是否能做到这样呢？像曹操这样了解、认可他的对手的，又有几人？嫉妒、谤讥这种低贱的手段，在竞争中屡见不鲜。人类的生活处处充满了竞争，对手之间的关系复杂得让人难以想象，难道这种处处设防、提心吊胆的日子不累吗？

恶斗屡屡的中国企业，如今已经从单纯的口水升级为生死肉搏，受害蒙羞的不仅是企业自身及所在行业，还有无辜的消费者乃至国家形象。要想真的成为百年老店，成为国际名牌，就必须脚踏实地、认认真真提升自己的品牌形象和质量以及服务水平，才能经得起各种大风大浪，在残酷的市场竞争中立于不败之地。

反思那些国际大品牌，奔驰、宝马、奥迪等也是打得不可开交，阿迪、耐克、彪马、倍耐力等体育品牌厂商也是竞争白热化，但是，打归打，打了这么多年，也没见过谁背后放冷箭的，反而是双方都越打越强，越打越彪悍，为什么会这样？因为他们争的是品牌，竞争的是技术，是质量，而不是恶意抹黑对手。只有良性竞争，才能使彼此越战越勇、越战越强。

其实，能成为对手，这也是一种缘分。试想，这世界多么大，能在茫茫人海中聚到一起，生活于同一环境中，是多么难得。

对手，就意味着双方对彼此的重视。你不是所有人的生活中心，自然关注你的人也不多，而你的对手却在时刻关注着你，这也未尝不是你的一种幸福。

人生，就如白驹过隙一般，你的对手一直在你的身边，为你短暂的生命添光加彩，也督促你抓紧稍纵即逝的时间，努力实现自己的人生理想与抱负。没有对手，没有竞争，一切都是那么的平淡无味。尊重你的对手，把你的虚怀若谷，把你的高贵人格拿出来吧！这是竞争的需要，也是生活的需要。

只要打不死，就能站起来

生活中经历的每一次失败，都像是受伤，可能一直在挨打，可能在一个阶段总是尝试失败，甚至可能长时间让自己身处于逆境的悲哀和绝望。面临这样令人绝望的人生，我们能做的也就是屡败屡战，屡战屡败，让自己在跌倒后一次又一次地爬起来。没有人能预言你在什么时候才能获得成功，也没有人能知道你在经历了多少次失败之后会换来一次重生的希望，但是如果你被击倒了之后不站起来，那么你就绝对不可能看到更美丽的景色，所以，不管你摔得有多痛、跌得有多惨，请你重新站起来，不要悲伤，不要错过任何一次可能成功的机会。

当我们年轻幼稚、缺乏经验的时候，挨打和失败并不可怕，可怕的是不知道如何成长，可怕的是我们不懂得这些失败的意义。挨打并不可怕，可怕的是一蹶不振地倒下，如果你的心没有了斗志，那么，无论客观条件如何的风调雨顺，你都不可能成长为一棵参天大树。但是相反，如果你不管经历怎样的风雨都从不气馁，一路走来不断地总结失败的经验，让自己成长，那么没有人会说你是一个失败者。

记得当年曾有记者在报道中国国家男子足球队与韩国的对抗时，说中国男子足球队已经二十年遇韩不胜，有了“恐韩症”，而且是屡战屡败。有位智者说，应把这四个字的顺序调换一下，改成屡败屡战。同样是四个字，位置略微一变，其意义却大不相同。前者是一种气馁，后者则是一种精神。

曾经有位父亲，看到自己的儿子身体羸弱，就把儿子带到长老面前，请长老把自己的儿子培养成男子汉。那位长老说：“可以。三个月后你来接你的儿子，但三个月内不许来探望，你能做到吗？”那位父亲点了点头。三个月后，这位父亲去接儿子，长老让他看一场表演。只见他儿子与一位跆拳道高手对决，可是他儿子根本不是其对手，没有几个回合就被打倒在地。然而，他儿子爬起来继续对决。情况依然如此，甚至更糟。那位父亲满脸羞惭地对长老说：“对不起，我儿子太无用了，让你丢脸了。”长老说：“你不觉得你儿子有了长进，像个男子汉了吗？你看他，虽被打倒在地，却依然能爬起来继续对抗。这不就是一位男子汉所需要的精神吗？”这位父亲似有所悟，谢了长老后就把儿子带走了。

跌倒了不可怕，怕的是跌倒了爬不起来。或爬起来了不敢再战！

朱经武，美籍华裔的物理学家，现任香港科技大学的校长。朱教授出生在中国湖南，在台湾成功大学取得理学学士学位，在纽约霍涵大学取得硕士学位，在加州大学圣地亚哥分校取得博士学位。关于面对失败，朱教授曾经有一段非常精彩的解答，他说："我能有今天，一大部分都要归功于我的父母，归功于他们曾经对我说的一句话，那就是'要经常睁开眼睛'。可以说，我的大半生都得益于这句话。这个世界上有太多的机会等待我们去抓住，有太多的现象等待我们去研究。只有经常睁开眼睛，注意观察周围，我们才能发现这一点，让每次试验都有所得。我记得母亲曾经对我说过一句非常透彻的话：'要是你跌倒在地上，就想办法抓一把沙。'她的意思是即使最小的机会也是值得掌握的。现在，我也这么认为。"

竞争中和我们争抢胜利的对手可以是非常强大的，我们没有办法去选择对手，我们也没有办法去改变生活的环境，所能做的不过就是让自己变得无比坚强。不论经历了怎样的打击都能够勇敢地站起来。当你一次又一次站起来的时候，你也会发现，自己越来越难被打倒，这就是失败和打击带给你的进步，也是你的对手带给你的经验。

曾经有位科学家做过这样一个试验。他将一只蟋蟀放在一个玻璃杯里，在蟋蟀跳得到的一个高度上盖上玻璃盖。蟋蟀"碰壁"数次后不敢再碰了。他又将其移到另一个玻璃杯中，没有加盖。然而，这只蟋蟀再也不敢跳到原先盖子的那个高度了。这只蟋蟀碰了几次壁后，再也不敢“碰壁”了，它被碰怕了，就再也不可能跳过这个高度了。

据说爆发力极强、速度极快的豹子，如果连续七次出击未有收获，它就会失去信心，郁闷而亡。值得称道的是鳄鱼，如果它进攻失败，绝不会郁闷，而是静静地守候，等待下一个目标的出现。

屡战屡败，使蟋蟀、豹子失去自信；屡败屡战，使鳄鱼终获成功。人，应该学习鳄鱼的屡败屡战的精神，不甘心失败，从失败中吸取教训，在目标和机会出现时，紧紧地抓住它。而不应该像蟋蟀、豹子那样，屡战屡败后就失去信心，失去斗志，甚至怀疑自己的能力，不战自败。就像中国的男子足球，如果经过屡战屡败后，得了“恐韩症”，见到韩国心里就发怵。那么，中国的男子足球就永无翻身之日。如果从失败中汲取教训，虚心学习人家的长处，并努力营造一个良好的足球氛围，从小培养足球健将，自强不息，那么经过屡败屡战后，相信中国男足终有一天能战胜韩国，冲出亚洲。

屡战屡败并不可怕，可怕的是不能屡败屡战。许多科学成果不都是经过屡败屡战得来的吗？人，不管经历怎样的失败，都不能失去自信，都必须坚持不懈。而胜利，往往就产生于再坚持一下的努力之中。

在竞争过程中，心态仍然是非常重要的，只有把心态调整好，你才能正确地面对自己的对手，你才能去寻找对手身上你缺乏的才华与智慧，你才会去努力让自己更加强大、更加接近成功。在竞争中，没有永远的胜负强弱，只有坚持到最后的赢家，想要获得胜利，就不能逃避挨打，更不能盲目被打，当我们在挨打的过程中练就一身好武艺，也就离我们成长为心目中的“巨人”不远了。

第十一章　乱中取胜

统计学认为，任何事物都存在一定的模式，套用到社会上，就是说再乱的局势都有它的发展趋势。天时地利人和固然重要，但如果能在混乱的局势中为自己创造出成功的条件，那就能把人生完全把握在自己手中，从此无所畏惧。

在混浊中找到门道

生活是不断变化的，没有任何一个政权或者组织可以长盛不衰，这就是世代更替的原因。“天下大势，合久必分，分久必合”，这是我们中国人总结出来的时代发展的规律，正因为一切都在发展变化，才在不同的时机创造出不同的机遇、不同的行业、不同的人群，这就是所谓时代的特点。

我们渴望创新、渴望机会、渴望施展自己的抱负，在这个日新月异的社会，机会看起来到处都是，可却又不是。有时候眼看着成功已经唾手可得，可偏偏到最后生出变故，竹篮打水一场空。那么，我们怎样才能寻找到变化中的规律呢？是不是有什么东西在变化中是不变的？有没有什么准则可以让我们更好地去适应这个变化的世界呢？

如果真的要寻求答案，我认为，变化中唯一不变的是你做人的态度——诚恳、诚信、诚心。不论时代如何变迁，人心的品质是不会变的，我们追求的优雅的性格、我们崇尚的诚信的友谊，这些都是不变的，但是在不同的时代，这些品质的表达方式会发生变化，我们获得这些品质的方式可能也会发生变化。而如果我们想要在这个变化的世界里活得更精彩，那么唯一能做的就是——不断地历练自己，让自己随着时代的改变而发展，我想这就是与时俱进的意思了吧。

当混乱发生，当我们约定好的世俗被打破，通常情况下人们都会手足无措，就好像没有了红绿灯，十字路口就会乱成一锅粥一样。当我们习惯遵守的规则失效，人们就不知道该如何行事，这时候往往会造成混乱。职场上、生活中也是一样的，当混乱出现，如果我们选择待在原地思考，那么有可能会发现事情发展的变化，有可能会发现混乱中人和事的走向；但是如果我们只是焦虑不堪，乱撞乱跑，那么很有可能会让自己所处的环境更加混乱。在面临混乱的时候，谁最清醒，谁就能先一步走出混乱；谁最先看清楚事物的本质，谁就能抓住混乱中可能存在的机遇。

于是，我们在面对混乱或者改变的时候，要有自己的策略，这些策略应该是即时产生的，我们在平时的生活中就要锻炼自己应对变化的能力。

首先，心理建设。居安思危，是心理建设的重中之重，我们不会有人期盼混乱的产生，我们生活在美好的时代，我们可能从没有想到自己有一天会丢了工作、失去了爱人等等。但是这并不代表这一切都不会发生。在平时，要做好改变的准备，当你做一件事情的时候，尽可能去考虑一下可能发生的最坏的情况，也许你无法控制事物的发展，但是你至少可以令自己保持一个平和的心态。

其次，活到老，学到老。这绝对不是一句空话，没有人拥有所有的知识，没有人是不再需要学习和进步的，人生的每一个阶段，都需要我们不断地进步、不断地积累，只有你在不断地进步，才不用担心被时代抛在后面，不用害怕自己被一些新的科技所取代。那些以为到了一定高度、担任公司高管就可以高枕无忧的人，总有一天会发现自己知识的匮乏，总有一天会被比他们更优秀的人所取代，如果你不想在变化来临的时候被淘汰，那么请你先于时代变化之前让自己做一个发展中的人吧。

最后，平时要多参加一些竞技项目或者团队策略活动。这种竞技项目可以锻炼我们在突发事件中的思考能力，策略活动可以锻炼我们的观察能力和分析能力。在平时积累这些能力，可以使你在面对突如其来的变化时更加稳定，当你把思考、观察和分析变成你的本能，相信你就不可能是一个面对变化手足无措的人了。

在这个混乱的世界，任何不确定都有可能带给你机会。和一个稳定得太久的企业不利于改革一样，一个过于饱和的时代也可能随时需要新鲜血液的注入，这就是变化的时代。当你能够学会观察和思考，也许你就会发现只有在不确定的世界，才能带给你不确定的机遇。

在人生的道路上，总是有许多不可预测的危机潜伏在我们的身边。面对危机，不管你怕也好，不怕也好，它总会在你意想不到的时候悄悄降临。其实，外界的危机并不是最可怕的，可怕的是我们对这种危机的麻木不仁和茫然无知。这使得我们会在已经开始走下坡路的时候，还陶醉于以往的一点点成绩，当危机临头时已丧失了对抗风险的能力。

古时候，有一位年轻人想向大哲学家苏格拉底请教成功之道。苏格拉底听后，一言不发，带着他走到一条河边，突然用力把他推到了河里。年轻人吓了一跳，就开始往岸上爬，没想到苏格拉底也跳了下来，拼命按住他，把他往水底按，年轻人一下就慌了，手忙脚乱地开始挣扎，凭借求生的本能用力甩开苏格拉底，才爬上岸。

年轻人不解地问苏格拉底为什么要这样做？苏格拉底回答道："我只想告诉你，做什么事情都必须有绝处求生那么大的决心，才能无往而不胜。"

如同我们一开始所说的，这个变化多端的世界，是没有一成不变的规律的，没有任何准则是可以适用一辈子的，或者说适用于所有环境的。我们能做的就是守住自己的心，让自己成为一个发展中的人，跟着时代的脚步让自己前进，这样你就不需要害怕变化，不断地学习，不断地充实自己，积累新的经验，你会发现，不论这个社会变与不变，你都不会害怕，因为不论发生什么情况，你都可以应对自如。

管理中的不确定因素

根据IMF的研究，全球的真实GDP在过去的40年增长了4倍多；全球的贸易增长额11倍，贸易对全球GDP的比重从40年前的9%左右，增长到今天的25%，；与此同时银行业的资产增加了14倍；但是最有意思的是，全球货币的增长总量增加了40倍。

“所以说全球经济在过去这么多年的增长，主要是靠金融和贸易推动的全球化的发展，这个全球化发展对全球带来了深刻的变化。”国际货币基金组织（IMF）副总裁朱民说。

朱民先以真实地理地图为基准，然后根据各国真实GDP、在全球贸易和金融领域中所占的大小，再次调整各国在地图中被标识的大小。

根据朱民的演示，以真实GDP衡量，整个的地图发生了很大的变化。俄罗斯变得很小，中国变得很大，而美国作为全球第一大经济体，它的以GDP的经济含量的地图超过美国的地理概念，虽然美国在地理概念上已经是一个大国。

再以贸易衡量，俄罗斯变得更小、美国也变得很小、欧洲变得很大，中国也变大了。

在各国金融的跨境交易（而非金融资产）的数字，而令人意想不到的是，卢森堡在金融地图上的概念远远大于其地理概念，香港也很大。而中国在整个地图上变得很小。“因为中国在国际金融界的地位很小。”朱民说。

国际形势下的变化也许更加宏观，但是反映到我们的生活和工作中是一样的道理，一切都在发生着改变，没有人能够准确地预测下一步会发生什么，就像谁也无法预言中国的经济究竟会发展到怎样的地步，因此我们国家对市场有着宏观调控，正是因为无法做到事事精准，所以我们从大方向上来把握自己的经济发展，而不是把一切都做成“计划”。

在企业管理、或者团队管理中，我们会发现很多不确定的因素。而大多数由于客观条件造成的不确定，我们通过积累经验往往是可以避免的，然而，许多由于人引起的主观变化，则是不容易预测和阻止的。就比方说，我们组织一场户外羽毛球，为了避免下雨，我们可以提前在场地上准备好伞，或者同时订下一块室内场地以备不时之需，这就是一种对于不确定因素的控制；然而我们不能控制的是，有人忽然因为某个裁判的不公和对方争执起来，大打出手。生活中有许多不可控因素，都是由人本身引起的，这种因素在一个团队的管理中，往往更值得我们关注。

管理中，和我们打交道的都是有着自然行为能力和思考能力的人。每一个团队都有不同类型和性格的人存在，那么我们如何去尽可能地避免由于人为原因产生的不确定呢？这些方法不仅适用于企业管理，也可以用于任何一种形式的群体组织活动。

首先，了解你的队员。对于每一个人的性格了解对于一个领导者来说非常重要，知人善任，就是说你要先了解你的下属，才有可能把他们放到适合他们的位置上，才能够令他们发挥出最大的潜质。而一个不愿意了解自己下属，或者和下属非常疏远的领导，是不可能管理好一个团队的。通过聊天、沟通、观察，相信你可以以最快的速度了解一个人。

其次，尽量做到公平。在一个团队里，大多数的矛盾都来源于不公平。当有些人感到自己被区别对待，负面情绪就开始产生，有时候这种情绪也会影响整个团队的发挥。然而每个人都有喜好，所以不可能完全做到一视同仁，但是在领导一个团队的时候，尽可能照顾到每一个人的情绪，至少要懂得制衡，而不是一味地管理和压制。

最后，创造归属感。在一个团队里，如果大家有归属感，大家认为这项工作是属于每一个人的，那么每个人的斗志就不一样了。如果有些领导让下属感到自己是一个没有存在感的人，自己的能力不可能得到赏识，那么这些下属自然也不可能尽心尽力地为你工作。

我们常常讲的“原来平静的生活被打破”，所以你用原来应对生活的方式方法来应对，可能就不够了，你必须用新的策略来对待以前没有的东西，不管是认识新的人，还是正面负面的利益。

对于一个管理者同样是这样，我们已经了解了在管理企业当中可能会出现很多变化，所以我们在平时就要多有几套方案，当面临新的变化，我们也需要不断地更新我们的策略，这些策略对于团队中的每一个人要求都是非常高的。一个有效率的、能创新的团队将更能适应生活中出现的新变化。

不确定的因素在平时看来可能并不起眼，也可能你根本不会留意到这些变化。但是一旦事情发生了改变，或者说出现了新的挑战，这些不确定的因素往往是决定胜负的关键。有时候这些不确定的因素甚至可以决定一个企业的生死存亡。

因此，不论是作为一个领导者，还是作为一个普通的人，我们都要学会把握不确定因素，让不确定站到你这边来，让你的生活更加有保障，不会因为某些小小的变化而轰然倒塌。

放在你身边的定时炸弹

正如我们所说，大到一个国家的兴衰，小到一个人的生活，没有什么事情是能够确定的。不论何时，千万不要觉得自己的生活已经是万无一失的了。事实上，生活中的很多事情往往是不确定的，就好像我们每个人都带着定时炸弹活着一样，唯一能确定的事情就是——没什么好确定的。

对待不确定性的结果，会导致两种结局。一种人会恐惧，不确定性对他意味着威胁。如果一切都不确定，那么人岂不总是活得忧心忡忡？的确，焦虑的人总是被生活中各种可能或根本不可能发生的事情弄得失眠、生病、丢了工作、丢了婚姻，活着似乎不是为了好好生活，而是为了防备那随时可能发生的危险。例如，一个来访者总是纠结到底心理咨询能不能帮助他，这个不确定会让他不停地游走于“开始还是不开始”“继续还是结束”“选择这个咨询师还是那个咨询师”，他关注的不是咨询要完成的工作和目标，而是不确定带给他的焦虑和担忧。这样，失败的结果已经在那里等着他了。另外一种人接受不确定性，不确定对他意味着有更多的可能和更多的选择、更多的体验和收获。例如，这样的人去旅游会这样理解不确定性：假如一切都是确定的，那还有什么乐趣？但是假如我在旅程中会遇到什么人、遇到什么事、发生一些什么故事，没有人知道，这才充满了期待和乐趣。别人的旅程再怎么精彩那也是别人的旅程，都不能代表我的旅程也会相同。可以说，精彩的旅程往往是那些充满了不确定性和更多可能性的旅程。

我的一个来访者，在决定正式找我做咨询前守在工作室门外，询问做完咨询后出来的其他来访者：“效果怎么样？这个治疗师给你的感觉怎么样？你觉得做咨询有没有用？”有趣的是一个来访者回答：“我没有办法回答你。因为对我有用的，对你不一定有用；对我没用的，可能对你有用。我又不是你，怎么会知道对你有没有用？”

当一个人总是遭遇不确定的事情时，就会渐渐变得失去耐心和自信，感到无法做出正确的抉择和决定，生活会陷入一种死气沉沉的僵持状态。当他来到咨询师面前，会问：我该怎么选择？实际上他只是暂时地失去了做决定的能力。当他通过咨询恢复了做决定的能力时，他自然可以轻松地做出各种选择，而不是依赖咨询师告诉他哪种选择是正确的——因为没有人比自己更了解自己，咨询师也不例外。

做决定的能力与一个人的自信心密切相关，自信心来自对不确定性的包容能力。在精神分析中有一个专业名称叫抱持力或负能力，即对不确定性带来的极度焦虑感受的容忍和耐心，以及足够的好奇心和开放态度，以及有勇气去感受这种情绪的强烈冲击，而又不会被这种情绪所淹没的能力。这种抱持力就像是一种温柔而强大的母性力量，当婴儿彻夜啼哭时，母亲对这没完没了的“折磨”的耐受力和包容力——因为母亲并不知道这种啼哭会持续多久，也不知道哪一种抚慰的方式是有效的还是无效的，但是她依然会耐心地抱着婴儿并且不断调整安抚的方式，直到有效为止。抱持力就是对不确定性持续的包容的能力，这种包容应该是开放的、勇敢的，主动积极和充满好奇心、充满创造力的。有趣的是，往往越是欢迎和愿意主动面对不确定性的人，越是能够收获更多的确定感和自信心，越是自信的人，越是欢迎不确定性——因为在这些人眼中，不确定性意味着充满活力和不断更新的生命。

带着不确定性开始你的旅程，随时可以开始你的任何一种形式的旅程——无论是外在的旅程还是内在的旅程，只要你有足够的开放、好奇、耐心与勇气，对生命，你一定会有不同的观感。

成功人士往往更钟爱这些不确定，因为他们能够用自己的力量从这些不确定中找到属于他们成功的机遇或者商机。而在他们碰到不确定的时候，小心谨慎、大胆尝试也是必不可少的。对于我们而言，想要获得精彩的人生，就要让自己感谢生活中的不确定，要懂得如何从狂风暴雨的大海上，找到通往胜利的灯塔。

人类有一种独特的思维方式，我们喜欢采用乐观和积极的方式认识自己、世界和未来，积极幻想、乐观、希望、控制幻觉等都是这一思维方式的表现，在可以预见的未来，积极和乐观的思维方式仍将影响着人类。无论何时，不要让情绪引燃生活的炸弹，要学会让不确定的混乱帮你度过危机。

旋涡中的金斧子——不确定中的商机

不确定在商业中更像是一块肥美的肉，但是这块肉悬挂在悬崖边上，并不是所有人都有能力或者有勇气去吃的。对于一个成功者而言，站在巨人的肩膀上固然很重要，但是属于自己的能力更为重要，一些能够在混乱中、在危机中崛起的人则更有智慧，也更有勇气，他们的成功往往更精彩，有时候也更长久。

战略规划建立在这样的预期之上：对最初采取的行动所能引起的市场反应和竞争反应的预期。然而，通常都很难确凿获知市场和竞争者的反应是否会与预期相一致，因为就战略而言，它本身就包含大量的不确定性。

这些不确定性可以被转化为期权价值——由机遇开发捕获，再由传统的管理模式和评估工具予以打磨、抛光。这样的期权直接来源于竞争对手对该项战略可能所做出的反应，其中有些反应对我方有利，有些则相反。决策者需要在利用决策和概率分布的基础上，为每种战略选择和预期的竞争反应做出价值估算，从而设计出最佳战略。

每个人都喜欢太平盛世，我们热爱着衣食无忧的日子，我们的市场很繁荣，我们觉得生活真的是一帆风顺。但是，平静的表面下才是事物发展的本质，不论你是否愿意，这个社会是在不断变化的。而当我们的企业越来越大、收入越来越稳定，你会发现你的创新意识就会逐渐降低，当面临不确定的改变时，你那庞大的盘子要跟着动起来也就越发困难，这就是我们说的——当一个企业饱和了之后，想要改变就会非常难，如果想要长盛不衰，唯一能做的就是不断地进步、不断地发展、不断地推陈出新，让自己的企业处于时代的前沿，这样才能免于被淘汰。

战略不确定性常指对企业的战略决策有重大影响的不确定性，对企业生死攸关的不确定性。因此，企业对此必须高度重视，认真研究，趋利避害。一方面，企业应该对可能造成严重伤害的不确定性，设法化解与超越，力争把损失降到最低；另一方面，企业应该把握、利用甚或刻意创造不确定性，以期获得重大的战略机遇，实现战略性赶超。

在众多不确定性中，需要重点关注的是博弈不确定性；在制定战略中，尤其是在外部环境分析阶段，博弈不确定性是最主要和最根本的。企业家需要转变思维模式，由过去的实体思维，转变为博弈思维，要跳出以自我为中心的狭隘空间，在多因素、多主体、共时性的格局中运筹帷幄。单边思维是博弈思维的大敌，博弈思维崇尚双边和多边思维，推崇换位思维和逆向思维，它的核心理念是关注他人价值，将自己置于对手的位置来考虑问题，并尽可能提前对竞争对手可能做出的所有反应进行反应。践行这样的思维方式，企业将会发现，若能与对手一起创造出双赢（多赢）的局面，而非你死我活的结果，企业自身成功的可能性就更大。换言之，企业在设计战略时，一定要考虑竞争的因素，同时还要考虑合作与结盟的可能。更值得推崇的思路是，考虑在合作与竞争并存的态势下，应该如何制定战略。

一、以不变应万变，忽略不确定性

不确定性有一定的客观性，即使是主观上可以消除的不确定性，在某些情况下，可能也无法实施，比如信息成本太高，投入收益不成比例，等等。

巴菲特以其在股票市场投资很少失手而被称为“股神”，其实，巴菲特的投资理念非常简单：就是认为股票的价格最终是由股票所代表的资产收益价值决定的，所以他在股票选择上，就是购进那些按照投资价值被低估的股票长期持有，而不管股票市场如何波动。

有人曾质疑巴菲特当年没有购买微软的股票从而错失了一个赚大钱的机会是不是一次失误。虽然从现在来看，如果巴菲特当时买了微软的股票肯定会大赚。但是，在当时，决定巴菲特是否购买的是其基本的投资理念，如果微软这样的风险型企业进入他的投资组合，那就肯定会有其他的同样风险型的企业进入，巴菲特只是根据自己的特长选择了一种自己最能够把握的组合方式而已。

巴菲特的事例意在说明，即使你只是在一个很小的方面具有了把握的能力，扎根下去，就可以产生抵挡外部风云变幻的能力，从而建立其牢固的基业。

二、以实力换时间，降低不确定性

在互联网出现之初，比尔·盖茨没有意识和洞察到互联网将成为影响人类社会的颠覆性力量，直到互联网已经成为硅谷的热点，网景公司受到热捧，盖茨才真正确认了互联网的革命意义。不过，微软最终还是以自己在终端软件上的强大实力，很快就开发出了浏览器，通过捆绑销售，把网景公司挤到了一边。

作为一项投入，应该说启动越晚，环境发生意外变故的不确定性就越低，但是启动越晚，由于其他企业的先发优势，企业必须打破竞争对手的进入壁垒才能够争得一席之地，甚至胜出。这就要求企业必须有相应的实力，以实力换时间，降低不确定性。

这种依靠实力换时间，对确定性的追求的战略戏称为“独孤九剑模式”，其关键是企业要有实力做后盾，可以做到“后发先至”。

联想进入互联网的模式也采用了这种“独孤九剑模式”。20世纪90年代中期，互联网就开始在中国萌芽，后来的门户网站，例如新浪、网易、搜狐都是在20世纪90年代中后期开始进军互联网。但是，联想集团直到2001年才利用股市融资，推出门户网站FM365。可惜在互联网陷入寒冬时，联想没有坚持下去就很快退出了。尽管这是一个失败的案例，但联想切入时间、切入方式上的选择，都是可圈可点。以联想的规模，一方面不可能在市场风险比较大的时候盲目进入去冒险，另一方面，它也有依靠自己的实力——当事物的发展方向确定下来之后“后发制人”的实力。这就是以实力换时间，从而降低不确定性。

三、培养洞察力，感知不确定性

作为一种组织为了降低不确定性而进行的洞察力的培养，可以用两个字来概括，一是“诚”，一是“通”。

任何一个公司在针对未来进行决策的时候，都会或多或少地受到领导者和员工的情感、心智模式、企业历史负累的影响，而很少能以一个客观的角度去看待事物真实的发展。要学会以一种诚实谦谨的心态去看待事物的真实发展，这就是“诚”。

而从组织建设整体的角度，则需要“通”。企业要良好地运作，必须各部分分工协作，良好沟通。但是，大部分企业往往强调“政令畅通”，强调信息由上到下贯彻的顺畅（可能很多企业连从上到下也做不到），而忽略了信息由下到上也应该能够无障碍地流动，才有助于企业正确地感知外部世界的细微变化，从而做出正确的判断。

四、增加灵活性，适应不确定性

强化信息系统，富于洞察力的领导，以及强大的实力可以有效地降低不确定性，但是却不是每个企业都能够做到的。对于大量的企业来说，更需要的是在市场的变迁中发现机会，以自身的灵活性应付环境的不确定性。

增加灵活性包括两个方面：第一，化固定成本为可变成本，增加业务灵活性；第二，变无机组织为有机组织，增加组织灵活性。要增加企业的灵活性，尽量降低固定成本是一个必要的选择。当前流行的外包和企业联盟都属于这种性质的模式。

无机组织是一种机械化的、结构化的组织，组织的支柱是由一个个岗位为单元、合作分工的结构大厦，它的刚性比较强。与之相比，所谓的有机组织能够增加组织适应环境变化的应变能力。有机组织则是一种细胞型的、关系化的组织，它对个体的管理通过对其灌输企业的价值观而不是定义其明确的岗位职责。这些个体根据公司的愿景，确定自己的工作内容，并且根据业务的变动主动调整，而不是由听从上级的重新安排和调遣之后才被动地调整。

五、寻找不对称性，消除不确定性

竞争中的不对称性，就是竞争中的环境、规则、形势等客观因素对竞争双方来说并不是平等的。企业消除大部分影响企业发展的不确定性因素，从而增加战略执行的可预测性，主要有两种模式可以借鉴，第一是内线作战模式，第二是农村包围城市模式。内线作战是把竞争引向对自己有利的环境中去，利用自己对环境的熟悉，形成对竞争对手的局部竞争优势。2004年，在手机市场的竞争上，日韩企业利用自身在时尚和精密光学设计上的优势成功上演了一出“大逆转”的战役。2001年后，手机产生了两个可能的发展方向：一是向智能化方向发展，成为一个智能终端，一个是图像化方向。作为后来者，如果是前者，竞争的焦点在核心芯片、操作系统，日韩企业并不占优势。但是，在光学和精密机械技术上，日韩企业占据一定优势，所以将摄像头和手机相结合，形成以像素来定义手机档次，事实上就等于进入了日韩企业的领地。

要懂得如何从不饱和的市场中寻找商机，要懂得如何从看似不可能的事情中发展可能性，要知道如何从未知的领域寻求希望，要知道如何从不确定的旋涡中抓住属于你的金斧头。当一切都百废待兴，不要沮丧，不要害怕辛苦，这正是你的机遇。生活中，那些看起来珠光宝气的机会有时候并不会真正属于你，而那些乍看起来灰头土脸的机会，当你走进它们，耐得住性子，仔细地观察，然后脚踏实地多努力，你会发现这些才是属于你的成功的新道路。

逆商决定眼光

在这个不确定的世界中，需要我们有更多的应对变化的策略，需要我们懂得如何抓住不确定中的确定，需要我们有勇气去创新、去改变。而这一切都需要我们能够有一个高瞻远瞩的目光，能够对未来有一个大致的规划和了解。一个人的远见如何决定了你的事业成败，决定了你人生的广度。那么决定你眼光的就是你的智慧，决定你智慧的除了先天的能力之外，就是你在后天获得的逆商。一个拥有高逆商的人，往往拥有更多的经历、有更丰富的经验，在面临变化的时候，更能够处变不惊；在面对新事物的时候，更有思考的能力和尝试的勇气，所以说，一个人的逆商的高低决定你眼光的远近。

对于一个经历过许多次逆境、尝试过许多次失败的人而言，不确定并没有什么可怕，相反不确定中到处都是可以改变命运的机遇。也只有一个经历过逆境的人才会有这样的火眼金睛，在变化中发现可以打破逆境的条件。机遇不是你等来的，只有当你准备好了，或者在准备的过程中不断努力，机会才会来敲你的门。前瞻性的规划当然要有，不然真会错过很多东西。因为人生的不可测，我们只有把握好自己才能更好地适应外部的环境。在这方面我有痛彻心扉的体验，因为之前没有对职业生涯做出长远的规划，导致后来与很多机会擦肩而过。所以，关键还是要想清楚自己要做什么、怎么做！想清楚，脚踏实地地去做，那个适合你的机会自然会来的。

对于不确定的反应决定了一个企业的成败，决定了一个人的人生高度。那么如何把握人生中不确定的机遇呢？

第一，要明确你想做什么、最适合做什么；

第二，规划自己的人生；

第三，搜集与你规划相关的各种信息；

第四，分阶段实现你的计划；

第五，当机遇与你的规划基本吻合时快速抓住它。

不可否认，努力固然重要，但如今已不再是努力便能成功的年代。世界500强首席顾问法兰斯·约翰森指出，在这个瞬息万变且变化还在不断加速的世界，成功变得越来越无迹可循。以往，策略和分析能帮助我们打胜仗，社会、经济的发展都仰赖计划，而预测则让我们建立各种产业。但是随着时代改变，不确定性已成为常态。曾几何时，原本超乎想象的事，现在都成了事实。原本无懈可击的强人或大企业会突然垮台，而谨慎分析及周详计划却往往赶不上变化，一切都在弹指一挥间发生，我们从小学到的制胜方法已经失效，如今成就个人、组织、产业、城市和国家的不再是计划，而是万事俱备下的某个瞬间。

今天成功往往发生在意料之外，命运总会在某个意想不到的时刻突然瞬间转向，爆红与成功，这些事虽然没有公式可循，但却代表人人都有机会以最意想不到的方式改变世界。举个大家耳熟能详的例子：韩国歌手鸟叔出道十多年，2012年以一首《江南Style》爆红，“骑马舞”风靡全球，让他成为红遍全球的国际知名歌手。正如作者所言，每个人都有可能遇到这种弹指定成败，甚至改变一生的时刻，但我们从未为这些关键时刻给予足够的重视，而且往往只在事后回顾时，才能看清究竟命运是在哪个时间点开始转向。

既然机遇比人为投入更能扭转成败，那么在运气来临之前，我们还能做些什么？我认为，应设法为自己创造更多“关键命运时刻”。这些时刻倾向在两个不相关的概念、点子或人物相遇时发生。其中有四个增加随机性的方法，包括：不要太专注于某件事，让自己看见各种可能性；采用交集思考，增加产生洞见或灵感的机会；跟着好奇心走，促使机缘巧合发生；拒绝接受可预测的途径，摆脱既定逻辑，借此才能做出与众不同的事，异军突起。尽管我们不可能主动触发关键时刻的命运，却绝对能在这些时刻来到时，让自己参与其中，采取进一步的行动，就能引导我们走向成功。

在一个高逆商的人眼中，任何变化都是有战略意义的，任何不确定都可以转化为成就自己的砝码。我们要学会从逆境中吸取经验，培养自己的逆商，让目光看得远一点儿，不要锱铢必较，所谓自己的生活，要的就是放眼世界，为自己代言，不要惧怕不确定，不要害怕自己不熟悉的事物，在平时锻炼自己的思维，在变化的时候大胆地抓住机遇，谁也不确定你会不会就是下一个洛克菲勒。

第十二章　打中支点，就能撬动地球

当稳定的人生观坍塌之后，支点也就无从找寻。暗潮汹涌的社会中，人就好似大风大浪中的一只渔船，要么激流勇进，要么被大海吞没。不确定的危机隐藏在你我身边，究竟有没有一击必杀的绝招，谁也无法预测。

为什么是新东方

新东方之所以成为年轻人创业的代表，不仅仅是因为新东方是中国第一只教育产业股，更因为新东方的创始人都不是有着高平台、好环境的“×二代”，而是普普通通的农村大学生，他们身上的草根气质，使得年轻人更愿意向他们学习，他们的成功更大程度地激励了正在迷茫或者正在创业的现代年轻人。而了解新东方创办历史的人都能发现，新东方的建立并非大家想的那样传奇，更多的是一个被逼上绝路的年轻人做的最后一搏，往后的种种只不过是这个年轻人坚强意志的持续体现。我们撇去新东方发展过程中的那些是是非非，可以感受到这个集团之所以让很多年轻人为之倾心，正是因为它所蕴含的强大潜力，它的生命力之强大，可以使每个为它工作的人拥有旺盛的斗志和发自内心的希望。

人都会遇到逆境，都会有走投无路的时候。这些困难的时间在我们一生中会是特别难熬的，度日如年说的就是那些不太好的岁月给我们心灵带来的极大冲击。那么面对走投无路，我们究竟应该何去何从？这究竟是命运给我们的一次机会，还是生活向我们展示的不怀好意呢？

在作家沈石溪的笔下有这样一则故事：一群斑羚被猎人追到悬崖边，在斑羚们走投无路时，斑羚中的镰刀头羊把斑羚群分成了老年和年轻两拨，先是一只年轻的斑羚飞奔跳跃，同时一头老年斑羚紧随其后起跳，在飞越悬崖的瞬间，老斑羚的身体适时地出现在小斑羚的蹄下，小斑羚借势一蹬，跳到了对面的山峰上，而老斑羚像只突然断翅的鸟笔直坠落深渊。一对对一老一少的斑羚组合跳跃，让小斑羚接力跳过悬崖，每只年轻斑羚的成功飞渡，都是借助于一只老斑羚的牺牲。在走投无路之时，作为动物的斑羚都能发挥超常的生命智慧，以牺牲一半来挽救另一半的方法，来延续种群的生存。而贵为万物之灵的我们，面临走投无路，就真的只有无路可走了吗？

有人说，“走投无路”是失去金钱，无法生存；有人说，“走投无路”是无路可走，已到绝境；有人说，“走投无路”是精神濒临崩溃的边缘。如果你问我，我会说，“走投无路”只不过是一种态度，如若你愿意换条路走，那便会有千万条大道出现在你的面前。

河流因为走投无路而成了瀑布，便形成了世间一道道亮丽的风景线；水滴因为走投无路而从天界落入凡尘，才使大地获得甘露的滋养。但有人面对所谓的“走投无路”却选择逃避，更有甚者选择了一种永久性的逃避方式——自我毁灭，生命只有一次，有什么难关是渡不过的？

走投无路的另一个名字就是——失去。很多人的安全感来自拥有的一切，而失去对我们来说是非常可怕的，无论是失去工作、失去亲人、失去朋友等等，都会成为让我们不堪回首的往事。实际上，如果我们一味地害怕失去，那么失去一定会在我们心里埋下一颗忧郁的种子，相反如果我们从失去中获得新的感受，那么失去就变成了一场有价值的成长，而不是一次心灵备受煎熬的灾难。

失去工作，我们可以重新审视自己，也许能找到一份更适合自己的工作；失去亲人，我们可以带着对亲人的缅怀，更加努力幸福地生活；失去朋友，可以教会我们如何判断身边的友谊，让我们淬炼出真正的属于我们的友情。每一次失去，都是上天给我们的学习的机会，所以，不要辜负了这场失去，不要让那个成功者尝试去夺走你本该拥有的一切。

对于那些失去过的人来说，成功就是一件他们更加渴望的事情，当他们开始重新奋起的时候，往往比常人拥有更大的能量，和更旺盛的斗志，没有人想要一蹶不振，没有人失去了之后就心甘情愿成为一个失败者，那些曾经失去的人，才懂得珍惜，才懂得每一次成功的来之不易，也只有那些走过逆境的人，才会懂得感恩，懂得拼搏，懂得一切美好的来之不易。

因此，看到你身边的人都比你强，你觉得自己已经是一个loser（失败者）的时候，不要停下脚步，身边的人比你优秀，是为了促进你像他们一样努力，像他们一样优秀；身边的人比你幸福，只是为了让你更有斗志去获得幸福；身边的人比你成功，只是告诉你自己还有多少不足可以提高。放弃那些羡慕嫉妒恨的小情绪，真真正正脚踏实地地去拼搏、去努力，不要为了失去而自怨自艾，只有这样，你的不足、你的失去才会变得有价值。

跬步和千里——任何情绪都会积累

威尔福莱特·康是世界织布业的巨子之一，他腰缠万贯、家资无数，真可谓要什么有什么，但他却总感觉生活中缺了点儿什么东西似的，于是他想起了自己儿时的梦想。

威尔福莱特小时候曾经梦想着成为一名画家，但因种种原因，他已经数十年都未拿过画笔了。现在去学画画还来得及吗？现在的自己还能有那些空闲时间吗？他犹豫着自问，但想来想去，最后他还是决定每天抽出一个小时来安心画画。

自从下定了这个决心，一向以有毅力著称的威尔福莱特再次显露了他的特长——虽然很忙，可他还是每天都抽出一小时来画画并坚持了下来。多年以后，这位半路出家的学画者已经在绘画上得到了不菲的回报：他曾经多次举办个人画展，在油画方面成就更是非常突出。其实他以前从未接触过油画，一切都是从他那个决心开始，然后靠每天一小时的积累完成的。

“每天抽出一个小时来画画”，对于一个大企业的负责人来说，要想真正做到这一点并不容易。你可知道，为了保证这一小时不受干扰，威尔福莱特每天早晨5点钟就得起床，一直画到吃早饭为止。他后来回忆说：现在想想，那也并不算苦，因为自从我决定每天都学一小时画之后，一到清晨那个时候，渴望和追求就会把我唤醒，想睡也睡不着了。

再后来，为了方便画画，他干脆把顶楼改为了画室。

时间是公平的，更是“知恩图报”的，因为数年来威尔福莱特从未放弃过早晨那一小时，所以时间给了他惊人的回报——他的收入又多了一个来源。而他则把这一小时作画所得到的全部收入变成了奖学金，专门奖给那些搞艺术的优秀学生。

不知从何时开始，“正能量”一词开始在我们的生活中融会贯通，开始成为我们每个人面对逆境时喜欢提到的词语。正能量就像是能够打败所有负面情绪的强大武器，每个人都在追寻，每个人都希望自己的生活充满正能量。

心理学家指出，正能量有互相吸引的作用，也就是说如果你是一个充满正能量的人，那么你就能在生活中吸引正能量的到来，比如你总是充满希望，那么很多好运就会到你的生活中来，而且如果你是一个充满正能量的人，那些同样拥有正能量的朋友也会被你吸引，因此你的正能量也就越来越多。

虽然拥有正能量显然和“心想事成”是不同的，但是这种观点恰恰说明了，正能量其实是存在于生活中的点点滴滴的。看到美丽的彩虹，有些人就会感到心情愉快美好；看到下雨叮咚，有些人也会觉得温婉惬意；听到一首美妙的歌曲、吃到一道精美的甜点，这些生活中细碎的小事，都可以带给我们正能量。而我们想要获得正能量，其实也不需要多么用力、多么费劲，只要你能留意生活中的一点一滴，让自己全身心地去感受生活带给你的幸福感，正能量就会在你的生活中慢慢聚集起来。

收集生活中的正能量：

第一，培养自己的兴趣爱好，不做“宅男宅女”。现代社会由于电子通讯技术的发达，许多人选择了在家里工作，不再出门，也不和人面对面地交流，这导致了“宅男宅女”这个新新人类的诞生，实际上一个能够体会生活幸福的人，是必须懂得如何培养自己的兴趣爱好的。让自己多一些热爱的东西，就会有更多的生活情趣。我一向认为，爱好和特长是不同的，爱好可以是单纯的喜欢，而特长就是擅长的东西。我们不需要擅长，我们只需要单纯地爱好，虽然五音不全，但这并不妨碍我们去欣赏一首好听的歌曲；虽然不会做饭，也不会影响我们满足于一顿可口的午餐。如果你能让自己多一些爱好，那么生活中就会有更多的东西可以让你感到心情愉快，正能量也就自然而然地影响着你的生活。

第二，放弃攀比之心，留下上进的意志。“人之所以不快乐，是因为看到身边的人比自己过得好。”我不记得这是哪位哲人说过的一句话，其实这句话并不能按照表面的意思来理解，如果我们能够真心祝福身边的人，那他们比我们幸福当然也是我们所希望看到的，但是如果我们总是抱着一颗妒忌的心去看待别人的幸福，那最后不幸福的只能是自己了。做人，不能有攀比之心，所谓人比人，气死人，不论你多么成功，你都不能拥有所有的快乐，所以想要收集生活中的正能量，我们要懂得知足，要学会不攀比，用真心去祝福别人，脚踏实地地努力，不要看到别人背了名牌的包包，自己就一定要买一双昂贵的鞋子，这样比下去，就算你再有成就，你的生活也不会快乐，因为你不是活给自己的，而是活给别人看的。

第三，善于倾听。很多人喜欢说话，不喜欢听别人说话，这种交流方式我想没有人愿意接受，而且一个不善于倾听的人，往往是一个喜欢抱怨的人。一个善于倾听的人，他的心态才可能是平和的，才可能是安宁的。让自己懂得倾听，让自己懂得去帮助别人、去欣赏别人，这样的自己也会获得很多快乐，也会收获许多正能量。

任何情绪都可以慢慢地积累，就像财富一样，人生应当有正确的生活态度，积少成多才是正道，那些妄想一夜暴富的人，通常都是黄粱一梦，因为积累是脚踏实地地一步一步走、一层一层搭建，所以这样获得的成功就更加稳固，而那些忽然拔地而起的高楼大多不是空中楼阁，就是“豆腐渣”工程，做人和做事都一样，想要收获，就必须从点滴开始积累。

莉蒂雅是意大利人，她出生在很久以前的庞贝古城。虽然自打出生就双目失明，但是莉蒂雅从来没有怨天尤人或者垂头丧气过。她非常热爱生活，对一切都充满了信心和希望。

稍稍长大一点儿后，她拒绝家人过分地呵护和别人出于同情而给予的帮助，坚持要像个正常人一样参加劳动，靠卖花来自食其力。

几年后，维苏威火山大爆发，庞贝古城一下子陷入空前的灾难中，整座城市都被浓烟尘埃笼罩了。浓密的火山灰，遮住了太阳、月亮和星星，使整个大地一片漆黑。黑暗中，恐惧至极的居民惊慌失措地乱跑着，可是每个人都像走进了地狱一般，无论如何也找不到出路。

这时候，莉蒂雅出现了，她靠着自己多年来走街串巷卖花积累的经验，熟练地为大家指引着方向，并凭借自己异常灵敏的嗅觉与听觉引领大家避开各种危险。

最终，这位向来被大家认为“不中用”的盲女孩，拯救了成千上万的市民。后来，感激不已的市民们将她的名字写入了传记和小说中，并一直流传到现在。

在我们收集生活中的正能量的同时，一定不要忘了事物的两面性，有正能量的存在，就一定有负能量的容身之所。相比正能量的温暖，负能量的积累往往更难以察觉，有时候负能量会在潜移默化中被植入我们的内心，然后在积累到一定量的时候，对我们的生活产生不好的影响，因此我们在日常生活中，不但要善于积累正能量，也要善于疏通负面能量，让它们消失于无形。

在现代这个快节奏的社会生存，没有人能够保证自己每天都是开心的，每天都是充满正能量的，但是至少我们可以努力让自己做到珍惜，做到一步一个脚印地去奋斗。生活中的点点滴滴都是我们可以收获的快乐，工作中的每一次小的进步都是我们可以为之骄傲的成功。对于逆境，对于绝望，对于失败，对于挫折，一旦我们拥有足够的正能量，那么它们也就只是一粒粒一吹就散的沙子罢了。

黎明前的那声鸡叫

黎明前往往是最黑暗的时候，而当那声鸡鸣划破长空，破晓的来临让你能感受到：不论昨天发生了什么，今天的太阳都照常升起，这就是生活，也是我们人生的写照。

我们经常会遇到需要放手一搏的情况，也就是破釜沉舟有时候确实会帮我们获得最后的胜利。这里面有什么更深层次的道理呢？人在绝境中，如果实在是无路可走的时候，往往勇气会膨胀到最佳状态，因为没有什么可以失去的了，索性就豁出去了，而在绝境的时候，由于人们往往已经经历了所有可以经历的恶劣，因此对于他们来说，经验也处于最为丰富的状态，应对困难的心态也坚定得无以复加，在这种情况下，只要有一根救命稻草，这些破釜沉舟的勇士就可以抓住，然后努力一击，效果往往出奇地好。我想这就是破釜沉舟能带给我们的惊喜吧。

其实，破釜沉舟的成功，实质上就是不断战胜失败的过程。因为任何一项大小事业要想取得相当的成就，都会遇到困难，每人都难免要犯错误，遭受挫折和失败。例如，在工作上想搞改革，越革新矛盾越突出；学识上想有所创新，越深入难度越大；技术想有所突破，越攀登险阻越多。著名科学家法拉第说："世人何尝知道：在那些科学研究工作者头脑里的思想和理论当中，有多少被他自己严格的批判、非难的考察，而默默地隐蔽地扼杀了。就是最有成就的科学家，他们得以实现的建议、希望、愿望以及初步的结论，也达不到十分之一。"

由于出现错误，遭受挫折和失败，有人就徘徊不前、半途而废；有人就唉声叹气、顺流而下；有人则悲观失望、自暴自弃。然而，错误和失败并不因为人们的不快、悲叹、惊慌和恐惧而不再光临。相反，怕犯错误、怕遭失败，却往往会犯更大的错误、遭遇更多的失败。所以，对待错误和失败应该有科学的认识和正确的态度。

一个想要获得成功的人，就要担得住惊、受得住怕。强大的心理承受能力，也是能够在黑暗中坚持的重要品质。一个强大的内心力来自于平时对正能量的积累。只有在平时潜心修炼的人，才有可能在破釜沉舟的时候，打赢最关键的一仗。

阿黄是一条品种优良的猎狗，经过长期的训练，它已经成为主人的好帮手。别看它的身体壮硕无比，追捕起猎物来可是驾轻就熟，速度非常快，而且反应极为敏捷。

一天，主人又带着阿黄去狩猎。刚走进森林，他们就看见一只毛色发黄的老兔子在觅食，主人抬手就是一枪，可惜子弹一偏，只打中了兔子的一只耳朵。受此惊吓，受伤的老兔子掉头就跑，训练有素的阿黄立即紧随其后，展开了自己最拿手的追捕。虽说森林是兔子的家，兔子在路径上稍占优势，但灵活异常的阿黄也并不逊色，所以整个追捕过程紧张迭起。

眼看着就快被阿黄叼在嘴里时，兔子突然一个猛转身，从阿黄的眼皮子底下蹿进了一片灌木丛。阿黄稍稍一愣，也立即反身追去。可是就在它反身的一瞬间，一根被折断的粗灌木猛地划了它的肚皮一下，顿时，鲜血冒了出来。阿黄疼得“嗷”地叫了一声，一分神之间，兔子没影了。

阿黄刚想再去追，一个念头拴住了它的腿：“哎，我这么拼命干吗？就算追不上兔子，我也不会饿肚子啊！”这样想着，阿黄便停了下来，“算了吧，反正现在主人也看不到我了，怎么回事谁知道呢！”

于是两手空空的阿黄开始往回走，这时，一条古灵精怪的翠青蛇从草丛里探出头来嘲笑阿黄道："听闻黄大哥一向以速度著称，今天看来也不过如此嘛，连只兔子都追不上！"

阿黄冷冷地瞅了翠青蛇一眼："我不过是在完成一项任务，而兔子是在逃命！我们是不一样的！"

所谓强大的心理承受能力，就是在不断的失败、不断的打击中磨炼自己的意志，在无数次的失败中获得的内心能量。可以这么说，你被击败的次数与你成功的概率是成正比的。那么在现代社会，如何才能练就强大的内心呢？

1. 做"原则派"，不做"恩怨派"，也不做"敌友派"

所谓"原则派"，就是讲原则，坚持真理，正确的就支持，错误的就反对，对人对己使用同样的原则，不管是谁，更不管地位、权势、恩怨等与原则不相干的因素。

2. 无所求就无所惧

有人总想安安稳稳过一生，没有人批，没有人骂。但那怎么可能呢？人上一百，种种色色，你不可能把所有的人都讨好到，总会有人不满意你、不喜欢你。如果你没原则，只想和稀泥，让所有的人都喜欢你，其结果很可能是每个人都不喜欢你，尽管不喜欢的理由是不同的。

3. 做最坏的思想准备，向最好的方向努力

第三点和第二点是差不多的，"做最坏的思想准备"就是

“无所求”，不过第三点特别强调“努力”。

当现代生活和工作的压力接踵而来的同时，很多朋友还因感情上的受挫而万念俱灰，或是从而生出厌世心理，或是对人生失去希望，从而对生活吊儿郎当。于是“热爱生活，认真过好每一天”似乎成了一句口号，这实在是都市男女的一种悲哀。实际上，凡事你只要尽力去做了，失败并不可怕，失败无数次也不代表你没有成功的可能性，你需要做的就是在失败的过程中积累，锻炼自己强大的内心，然后在黎明前最后一仗中赢得漂漂亮亮，实现华丽的转身。

必杀不需要任何Buff

一个孩子如果在艰苦的环境中成长，他会珍惜一切、关爱一切，如果他步入顺境的时候，他会失去他原有的品德。世上万物没有一样不经历历练而开花结果的，就是一棵微不足道的小草，它也要经过努力才能破土发芽，然后成长，任人践踏，无怨无悔，而不管如何被践踏，当春风吹拂，它又会以坚韧的毅力继续铺绿大地。

面对逆境，我们已经懂得如何拥有强大的心理承受能力，也明白了失去和失败对于我们成功的意义。那么实际生活中，究竟有没有什么方法，可以对逆境一击必杀，可以帮我们以最快的速度脱离苦海呢？是不是我们在平时练就了绝世武功，当我们被逼上梁山，就一定能成为英雄好汉呢？如果说，逆境可以被我们的好心情弱化的话，那么是不是有些情绪也可以将逆境的功力增强呢？

有三个大好人，因为他们做了许多善事，先知决定给他们每人一个发财的好机会。

先知是这样告诉这三个人的："沙漠的深处有一个地方埋藏着宝藏，你们去等吧。等到第九九八十一天时，宝藏会自动从地下长出来。"

三人一听，喜出望外，立刻朝沙漠奔去。

那个做善事最多的人首先来到了沙漠里。当来到先知所预告的地点时，他发现那里除了一片黄沙和一眼泉水之外，什么都没有。一天之后，喜欢与人交流的他感觉有些寂寞。三天之后，他开始孤独地唱歌给自己听。一个星期之后，他开始有些恼怒地自言自语起来。两个星期之后，他的自言自语已经变成了抱怨。最后，一个月还未满，他便大吼大叫着从沙漠里跑了出来，边跑边大喊道："这简直就是要命！我受不了了！"

第二个到达沙漠的人是做善事较多的那位。他很聪明，知道这么长时间自己一定会感觉寂寞难挨，所以随身带了许多书籍和信件。一到达先知所说的地点，他便开始埋头读书、读信，并强迫自己不去想已经过了多少天。很快，他带来的书和信读完了，可是宝藏还没有长出来。没办法，他只好又读了一遍。谁知一直等到读完第三遍时，宝藏依然无影无踪。终于，这个人也烦了。他疯了似的诅咒着这无聊的生活，然后便宣布放弃了。

最后一个，也就是三个人当中做善事最少的那一位来了。和第一个人一样，他也什么都没带，一到达目的地，看了看周围便坐了下来。然后，他开始设想奇迹出现会是什么样子，他穷尽自己的想象力，把宝藏形成、生长、出现的过程都想了个遍。第一个月在他无休止的想象中慢悠悠地过去了。想够了宝藏之后，他又开始想自己从小到大的人生历程，童年、少年、青年、中年，每一件小事他都试图想起来，并用语言描述出其详细的情节来。无数次心花怒发和无数次痛心疾首之后，第二个月也过去了。这时，他已经忘记了时间，而是完全沉浸在了对人生真谛、喜怒哀乐的感悟之中。正当他准备再回忆一遍自己的人生时，沙漠忽然开裂，宝藏涌了出来。

由此可见，在平时我们绝世武功的练成需要的是超乎常人的耐心，没有耐心，没有毅力的人是不可能在逆境中快速反击的，就好像温水煮青蛙，青蛙是没有反抗能力的。与此同时，用心微笑也是你杀死逆境的最直接方式。好的心态决定一切，当我们能够用一颗平静甚至快乐的心态去面对逆境的时候，逆境的能量就会变得小之又小。

逆境比什么都容易崩塌，也比什么都容易加固。当你能够用一颗快乐和上进的心去面对逆境的时候，它就容易崩塌，当你灰心丧气，当你用绝望把自己包裹的时候，逆境也会变得无限漫长，实际上不仅仅是面对逆境的时候，我们的生活永远都取决于你用怎样的心态去面对，而我们通往成功的道路上也充满了逆境，如果你无法学会微笑，那么就只能永远哭泣和悲伤。

接受绝望，才能撬动绝望

逆境让我们感到绝望，失败让我们深受打击，当我们学会了收集生活中的正能量，当我们懂得了如何爱上逆境，我们也就拥有了改变世界的能量和勇气。当我们不再慨叹世事无常，当我们不再去抱怨现实的不公，我们就学会了用心接受这个世界，因为现实就是这样，就算你不接受，它也不会有丝毫改变。

一个能够接受绝望的人，才能够真正地从失败中获得教训，才能够懂得珍惜之后的幸福时光。而我们当中很多人并不是真心地接受绝望，只不过是对于现实的束手无策毫无作为地放弃。这种消极的态度和我们说的接受绝望是完全不一样的。

一个真正接受绝望的人，会去用心分析绝望；会把绝望的缘由摆在台面上；一个真正接受绝望的人，是不会碍于面子不敢和别人倾诉的，他们知道如何排遣自己的绝望，也懂得如何让自己尽快从绝望中恢复信心；一个真正接受绝望的人，是不会惧怕再一次的绝望的，因为他们的心中，绝望只不过是对他们自身不足的警告，而不是什么大不了的灾难，对于他们而言，绝望的感受只不过是加深这次经验教训的记忆而已。

他原本是位大农业主，可是一场突如其来的灾难却让他失去了一切——土地、存粮、钱财，甚至妻子儿女。他成了一个彻底的、一文不名的流浪汉。

正当他越来越难过、越来越绝望，像个行尸走肉一样不能再思考，成天只想着怎么早点儿结束自己的生命时，他偶然听人说起附近有位哲学家，于是他忙不迭地去找那位哲学家。

不料哲学家听完他的哭诉后，竟然满脸冷漠地说道："别指望我给你提供任何帮助，因为我根本没有任何能力帮助你。"

流浪汉一听，眼睛里的希望之火立刻熄灭了，死亡的念头再次涌上心头。可是正当他转身欲走时，哲学家却叫住了他："不过，我可以给你介绍一个人，他一定能帮你，而且是这个世界上唯一能帮你的人。”

“谁？”他猛地转过身来，再次点燃了希望之火。

“跟我来。”哲学家说着，便把流浪汉带到了自己家的镜子前面，指着镜子里的人说，“他。”

“我？”流浪汉看着镜子里狼狈不堪的自己，既惊讶又羞愧地反问了一句。

“是的，这个人正是你自己。”哲学家肯定地说道，“整个世界上，唯一能帮你东山再起的，就是镜子里的这个人。不过在此之前，他要首先坐下来，仔仔细细地认清他自己。否则，他将只是一具空壳。现在，我请你再靠近镜子一些，好好想想这个人原来的样子，我想，这一点你最清楚不过了。”

流浪汉慢慢地走近镜子，用手梳理着自己乱蓬蓬的头发，开始想象自己原来意气风发的样子。渐渐地，镜子里那张脏兮兮的脸微笑起来了。

“我知道了，谢谢你！”流浪汉突然说了一句话，然后转身跑了。

几年之后，当流浪汉再次来找哲学家时，哲学家根本认不出他来了。因为他现在衣装整齐、自信心很强，全无当年落魄的样子。

他拿出一张支票，说：“这是一张空白支票，数额应该由你来填，因为我实在不知道你当时给我的东西值多少钱，而它买到了我想要的一切——我现在已经是一家大公司的总经理了，并且已经找到妻子儿女，安了新家，最重要的是，我找到了我自己。”

自信心不仅是一个人成功做事的前提，更是一个人活下去的支撑力量。没有了它，人就相当于给自己判了死刑，在进行一种慢性自杀。

那么我们应当如何真正地接受绝望，而不是仅仅安于现状，或者干脆臣服于绝望，让自己陷入哀怨的人生，无法自拔呢？

面对失败，悲观者只会叹息，乐观者便会微笑地接受；面对失败，愚蠢者只会选择逃避，智慧者则主动改变命运。

事实告诉我们，过去已成定局，无可改变，我们只有牢牢地把握现在，勇敢地去开创未来。因此，与其停留在昨日的叹息中，不如趁自己还能走，还能听，还能看，还能思考，多走一段精彩，多听一些感动，多看一场美丽，多想一些幸福……不走不动、不看不想，哪儿会有希望？哪儿会有现状的改变？

科学告诉我们，真理有它适应的氛围。林肯曾经说过："这个世界上许多的'不可能'都只存在于我们的想象之中。"现在的必然难道就一定是将来的必然吗？事在人为，一切都掌控在自己的手中。中国近代史有过多少次痛苦的失败？这些失败打倒了许多人，也造就了许多人，更造就了中国革命的成功。

有时候绝望和欲望其实只有一步之遥，当我们找到绝望的根源，彻底将其改造成你的能量，把绝望转化成你对于成功和幸福的渴望，用自己强大的内心撬动绝望，这个世界上，不论什么逆境中，都没有什么能伤害到你了。

珍妮得了绝症，医生确诊她不会再活过一年。由于病体动不动就钻心地疼痛，家人不得不把她送到医院里度过余生。

春天过去了，夏天也过去了，秋天静悄悄地来临了。看着窗前那棵树的叶子渐渐由绿变黄，进而一片片凋落，珍妮的心也越来越绝望。“当树上的叶子全落光时，就是我死去的时候了。”她这样自言自语。

这句话正好被一个从窗前走过的画家听到了，画家决心尽自己所能拯救这个小女孩。于是他便画了一片栩栩如生的绿叶，趁珍妮熟睡时挂在了那棵树的最顶端。

一个月过去了，病入膏肓的珍妮已经起不来了，她躺在小小的病床上，眼睛一直盯着窗前那棵树，感觉生命力正从自己的肉体里一丝丝地溜走，就像树上的叶子越落越少。“等到那片叶子也落了的时候，我就闭上眼睛，永远不再醒来。”珍妮盯着最顶端的那片绿叶对自己说。

接下来的日子，那片绿叶就成了承载珍妮生命希望的唯一载体。每天早晨，她睁开眼睛后的第一件事就是看那片叶子有什么变化。可是真奇怪，所有的叶子都落光了，那片叶子还是那么绿、那么坚定地站在枝头，一点儿也没有变黄凋零的迹象。

“难道，难道上帝知道我是个好孩子，所以不想让我死？”珍妮这样想着，眼睛里便闪出了一丝希望之光。

那片叶子经历了一个冬天也没有凋零，珍妮也这么活了下来，最后走出了医院。而同时，在她隔壁的病房里，那位老画家却闭上了双眼。因为，他知道那片叶子是假的。

我们可以失去一切，唯独不能失去希望，它是人类生命与快乐的源泉。有了它，生命才能焕发勃勃生机；没了它，生命只会日渐萎缩。

绝望是初冬的开始，眺望漫长的萧瑟，不禁惊慌失色。绝望是面对死亡的宁静，一次平静的抉择。绝望是心灵的刺痛，等候着无望的愈合。有了希望，我们的生活才是五彩斑斓的，纵然这些希望有时可能会带来绝望。可是，带来绝望的希望太伤人了，为什么总有人想要或是已经以一种自己的方式，来结束一切尘世间的希望或是绝望呢，这是因为生活有了太多的压力和无奈，因为本有希望，最后却带来了绝望的缘故。而因为绝望了，所以，他们才选择了一种无望的方式来结束这一切。这样的希望又带给人们太多的伤害。

梦一下变成了灰色，在梦中，苦苦挣扎却逃不出希望或是绝望的结局。惊醒后无法再入睡，如果真没什么希望的话，或许真的也就没有什么绝望了。但是，没有希望，不就是只有绝望了吗？不对，回过头来想想，绝望是从什么地方来的？是从希望中来的，这样看来，没有希望的话，或许也就不会再产生绝望了。

没有希望的世界会是什么样的呢？灰色的，死气沉沉。这一点，倒是可以想到的。追求和进取一直伴随着我们活着的整个过程，都是因为有了希望。而希望正是这世间的色彩。

可以肯定，没有了希望，世间不会再有阳光，可是，有了希望，并不一定只是绝望。希望的背面不全是绝望。最主要的是我们应该以希望的心态面对这一切，纵然一时失意、落魄、绝望，也不应该轻言放弃，因为，世间本就是阳光四射的地方，尽管有时会有暂时的黑夜，我们不应该逃到一个灰暗的角落，让自己看不到希望。

前方是绝路，希望在转角。实在不行，就转个弯，一切又会是阳光遍地、充满希望的，只要大家都坚信。没有理由不相信也不应该放弃希望。

总是在希望和绝望之间徘徊，这也许是绝大多数人经常出现的心态。就像蘑菇都喜欢与潮湿为邻一样，希望也偏爱与绝望为伴，所以绝望光顾了你，不要心存恐惧，不要心存忧虑，还是把它当成你的邻居一样善待吧，要知道黑夜的邻居是白昼，绝望的隔壁是希望！

天才也许一下子就可以达到目标，普通人需要数十年的奋斗才能达到目标，到金字塔顶端的第一种是雄鹰，这个是天才，第二种是蜗牛，蜗牛爬上金字塔的过程可能要花三年、五年甚至十年，只要蜗牛能够爬到金字塔的顶端，所看到的世界和雄鹰一样，所看到的地平线和雄鹰一样，如果让我选择，我选择当蜗牛，不选择雄鹰，因为一件轻而易举达到的事情，是留不下生命的回忆，对于生命过程的甜酸苦辣的体验，造成你所有的智慧人生是回忆都学不来的。

人生，是一条长长的河流，不停地变化流动着，你选择成为水，或是泥沙，都是自己的选择，希望可以带给你生命力，让你的河流源源不断地流下去。如果成为泥沙，你的生命就会沉淀下去，就会进入河底，最后生命就会永远停滞，如果你选择成为水，就会必然流向大海，黄河九曲十八弯，就是要流向大海，尽管它们的曲线不同，它们的运行方式不同，但是最后都流向大海，当你流向大海以后，就会变得更加丰富、清澈、透明，而且生命本身会变成最美丽的颜色，大海的蔚蓝。

第三篇
灵魂苏醒，摆脱逆境和脆弱

——不破不立，

唯有重建才能提升你人生的格局

第十三章 最原始的欲望

成功与走路一样，是一种本能、一种欲望，是一种编写在每个人DNA中的程序。你无法估计自己内心的脆弱，但是你同样想象不到自己有多么强大。前路漫漫，当别人都在九十九步停下时，你再多迈一步就是胜利。

逃避，无法走出逆境

逆境是无法逃避的，进入逆境的我们一定要认准方向，然后坚定不移地向前走。在这里我们一定要注意，选对我们前进的方向，就像有很多数学题的确是“无解”的一样，这个生活中有很多事情也是真的走不通的。如果你非要一条路走到黑，姑且不说成功的概率小，你也会错过更多美妙的风景。

并非所有的逆境都会通往成功的彼岸，有一些逆境实际上并没有出路，它们只不过是由于我们的错误决断而造成的死胡同，这些逆境中，我们确实可以得到历练，但是我们更多的应该是在尝试了无数种方法还没有解脱后的反思，有些路走不通，就需要回过头来想一想，是不是自己一开始就走错了路，而不是在永远走不出去的逆境中浪费时间和生命。

做一个想要追求幸福的现代人，我们在面对逆境的时候，坚持固然是非常重要的，但与此同时，我们也要学会变通，学会多角度思维，避开那些无路可走的逆境。有些人可能觉得，没有坚持到最后会很没有面子，或者没有坚持到最后是不是很遗憾呢？确实，人生本来就没有完美的事情，当你已经在这个逆境中筋疲力尽，继续走下去并不能让你获得更多的快乐和幸福感，那么我建议你可以停下来思考一下，看看是不是需要换一条路走一走，毕竟条条大路通罗马。

2000年的世界花样滑冰比赛，最后获得冠军的是美国华裔选手关颖珊。

虽然关颖珊一心想赢得第一名，可是在最后一场自选曲项目比赛之前，她的总积分只排在第三位。在那种情况下，关颖珊只有两种选择：挑一个非常难的自选曲项目突破自己，或者选一个普通项目稳保前功。

思索片刻，这位年轻姑娘的眼中闪过一丝刚毅，她选择了用一个非常难的项目获得冠军。她的坚持和大胆赢得了人们关注，她的精彩成功更是让人们为之疯狂。

事后，记者采访她时问道：“为什么你敢选择如此高难度的挑战呢？要知道你可能会败得很难看。”

“但我毕竟成功了。”关颖珊微微一笑道，“我之所以如此选择，是因为我不想等到失败时，才后悔自己还有潜力没发挥。”

由此可见，我们应当学会观察逆境，学会识别那些无法走出的逆境，当我们发现自己现在走的道路是行不通的时候，要果断地换一种思路，调整战略，让自己更有效率地抵达自己的目的地。就像有些数学题确实是“无解”的一样，也许它真的有答案，但是这个答案需要更多的知识，现在的你是解不出来的，这个时候一味地耗费时间是错误的，不如重新拿起书本，先把自己的知识补充完整，再来攻克这个“无解”，同样是为时未晚。

首先，边走边思考。只会往前冲而不会思考的人，不是勇敢，而是莽撞。当我们行走于逆境当中，这种思考的能力则更为重要。每走几步，就思考一下自己的生活有没有发生什么微小的改变，是在变好，还是在变坏；当我们遇到困难，想出解决方法的时候，也不能一下子就做到底，做一部分，想一部分，只有耐心地观察，用心地思考，你才能发现逆境的特征。

其次，不要孤军奋战。人有时候变得麻木是因为太久不和人交流。有时候跟别人交流并非想从别人那里得到什么有用的信息，而是在跟别人交流的过程中，你可能会把自己的思路理顺，重新想明白自己该如何走，这才是最重要的。尽管在逆境中，也不要完全封闭自己，多和身边的人交流，把自己的想法说出来，并不是说给他们听，而是说给自己听。

另外，给自己一个度，不要过分。做什么事情都有一个限度，包括对逆境的坚持，没错，我们是需要意志力才能克服逆境，但是当你觉得自己已经筋疲力尽的时候，如果还是一味地逼着自己前进，那么很有可能会适得其反，会让你感到更加绝望，因为你明明已经如此努力，为何还是看不到希望的曙光呢？如果你无法发现南辕北辙的痕迹，那就请你给自己一个度，当你感到自己真的需要休息的时候，停下来，深呼吸，平静一下，看看这个逆境究竟是盘丝洞，还是水帘洞。

最后，相信自己的直觉。有时候人的直觉是一件很奇特的事物，它往往会给你意想不到的惊喜。实际上，直觉只不过是我们潜意识以我们的知识为平台做出的一种本能的判断反应，这种反应直接来自你的大脑，没有受到任何环境干扰，所以在你处于逆境的时候，这种直觉往往比你的外观判断更加准确，因此，如果你的直觉告诉你“此路不通”，你就要小心了，最起码给自己提个醒，而不是两眼一抹黑地使劲儿往前走。

想要做一个避开死胡同的人，还有一个很简单的方法，在平时多锻炼自己的思维，做任何事情的时候，都多想几个主意。想法多一点儿，你的生活就会有更多的选择，也就会有多一些路可以走，在逆境中，很多人没有想法，只知道往前走，殊不知只要换一种思维方式，也许就能发现捷径。

我们常说，不要在一棵树上吊死，如果一个人能够同时拥有很多种思维方式，那么他面对困难的时候，就会有更多的解决方法，也就不会在陷入逆境的时候束手无策，因此，在平时培养自己的思维方式也是尤为重要的。

生活是多样化的，哪怕是逆境也是有着独特风光的，我们追求成功，但是我们更想追求的其实是幸福感，当我们在逆境中选对了方向，我们前进起来就非常有斗志，我们是快乐的，因为我们知道我们在接近成功；而当我们在逆境中走入一条走不通的道路，那么我们只能越走越疲劳，最后把自己的精力消耗殆尽，既看不到成功的希望，也感受不到奋斗的快乐。生活嘛，本就是多姿多彩的，作为一个普普通通的人，真的没必要跟无解的题目死磕。

蚂蚁躲大象

早些年，中央台有一个节目叫作《赢在中国》，是找了许多青年创业者来这里对自己的想法和观点进行阐述和答辩，在三位成功人士的指导下，进行竞赛，赢得创业基金，或者说获得更好的创业理念。这个节目中有一期请到马云来做嘉宾，他在节目中讲了这样一句话：

“大象踩不死蚂蚁的，只要你躲得好。有良好的策略，避开敌人的攻击，就能存活下来！”

人都有保护自己的欲望，这是一种本能，没有人喜欢受伤的感觉。在职场中，竞争无处不在，而没有任何人可以逃避从弱小变得强大这一过程，最后变得强大的就是成功者，也是少数，很多人在其弱小的阶段，或者在成长的阶段就失败了。那么在弱小的时候，我们是不是就更容易被打败。从马云这句话理解，答案自然是否定的，因为当我们弱小的时候，我们很难吸引到对手的注意力，在危机来临的时候，也因为我们的弱小而更具有机动灵活的特点，只要有良好的对策，就可以使自己存活下来。也就是说，从某种程度来讲，弱小是一种保护色。

在这里我们所说的弱小是为了保护自己，并不是让我们止步不前，在我们面对困难的时候，想要生存下来的欲望是非常强烈的，这时候我们首先要做的就是：不要把危险想得太强大。

逆境是难以避免的，但是也不要把所有的失败都太当回事儿，有时候损失一笔生意，失去一个好的机会，并不是什么大的逆境，对于我们来说有些事情可以轻而易举地重新来过，毕竟我们的失败不会导致政治动荡、世界末日，我们需要的只不过是内心对成功的那一点点坚持和渴望。作为一个普通的人，我们可以弱小，但不可以没有对于成功的欲望。

作为事业的起步阶段，我们就像是小蚂蚁一样，很少有人能看到我们，注意我们，这是一个非常好的机会，我们完全可以利用这份清静让自己迅速地成长起来。而在这个成长的过程中，我们首先要学会保护自己，当我们开始发展壮大，有些对手就会开始注意到我们，每个人都想把自己的潜在对手击败于萌芽状态，于是我们就开始遇到挑战，但是正如马云所说，只要策略正确，就一定可以生存下去，当你能够保护自己到没有人能够轻易踩死你的那一天，可以说你的成长就已经成功了。

作为一个成长中的人或者企业，首先要有一份谦逊的态度。不管我们成长的速度有多快、我们成长的效果多么理想，都不要自大、不要骄傲。在成长的过程中，由于第一票做得很出色而骄傲，后来失败的例子不胜枚举。不论何时，都请你保持一份谦逊的心态，这个世界上总有你可以学习的东西，这个世界上也没有人可以说自己已经不再需要发展和进步了。

作为一个想要获得成功的人或者企业，一定要诚实地面对每一次危机。逆境不可怕，可怕的是你不能诚实地面对。当我们遇到困难，最好的方法就是跟困难面对面，不逃避，你离得近，才能看得清楚，你面对它，才能找到化解它的方法。

作为一个想要成长为大象的人或者企业，请你组建自己的团队，并跟他们并肩作战。任何时候，一个好的团队、一个好的企业文化都能给你带来完全不同的前进结果。每个人都有成功的欲望，每个人也都有属于自己的优点。当你能够拥有一支优秀的团队，就像蚂蚁不可能单独行动一样，积少成多，水滴石穿，你一定可以成长为一棵参天大树。

不论是在逆境还是顺境，都要学会保护自己，要先存活下来，然后才是发展。人的权利和欲望首先就是生存，没有存在，就不可能有发展的根基。所以每当你想要去“以卵击石”的时候，请你仔细想一想是否真的值得，你是否真的已经达到这样的水准，你是否已经可以做到保护自己不受到致命打击，在生活中，想要成功绝对不是匹夫之勇就可以的，有勇有谋才是成长的最佳渠道。

唤醒你内心的韧性

生活充满了不可预测的危机，遍布着让人惊心动魄的逆境，面对这样的人生，我们能做的就是用强大的内心，以及无坚不摧的韧性去克服那些挑战，去忍受那些委屈，去变得强大，变得智慧，变得拥有更加强大的力量。如果说有什么可以支撑我们在坎坷中走下去的话，那么真的就是我们内心的那份渴望——对幸福的渴望，对成功的渴望，对成就的渴望。

而佛家把这些渴望统称为欲望，佛教认为，当人无欲无求、四大皆空的时候，就是最快乐的。没错，当我们对身边的一切都心满意足的时候，就不会不快乐，当我们四大皆空、六根清净的时候，就再也没有什么事情可以让我们烦恼，当我们连生老病死都看透的时候，我们的内心就已经纯净得像一汪清水一样，这时候已经没有什么幸福或者不幸福，剩下的就是——活着。

不过很遗憾的是，基本上所有的人都很难做到上面佛家所追求的那样，尤其是现代社会中，每个人都在追求属于自己的成就，想要六根清净、四大皆空的人几乎没有。就算是寺庙里的僧人也会为了生计做一些别的事情。而我一向认为，生活之所以精彩，之所以充满了出其不意的幸福，就是源于我们的欲望，因为我们有所想，所以才有所为，正因为我们有所为，我们的时代才不断地发展，我们才能不断地获得新的知识，才能不断地成长，就好像不管你是不是看淡了人生百态，你一样要长大、衰老一样，我们的时代、我们的世界同样需要发展，如果你还愿意生活在这个缤纷的世界，那么就请你暂时不要像圣人一样无欲无求；如果你真的想要追求成功和幸福，那么请你还是唤醒你内心的渴望，让自己尽量活得出色一些吧。

除了唤醒心中的欲望，也要尽可能地使自己成为一个眼界开阔的人，中国历史上思想最进步的时候，大概就是“百家争鸣”的时候，各种学术思想在社会上碰撞，让整个社会洋溢着一股新鲜的活力。我们不去评论“独尊儒术”是否真的促进了我们的文化统一，还是泯灭了我们的百家之长。我们只说，作为一个人，首先我们要懂得让自己接受各种各样的思想，然后融会贯通成自己的一套理论系统，这样才能活得精彩，也才能成全自己的欲望。

我们这里说到的多种思路，不仅仅是创新思维。创新只不过是多种思路融合的一个结果，它是人们经历了各种失败之后，或者看遍了很多经验之后，总结并发现的一条新的道路。我们需要创新思维，而这种创新的产生，也需要我们来自内心对新事物的渴望和向往。当一个人的创新思维用到生活中的时候，他就能把逆境随时转化成胜利的云梯。

同样，任何事物都有一个度，就好像欲望也是这样。人的欲望是没有止境的，就好像没有人会觉得自己已经拥有了足够多的东西一样。这时候，一定要给自己的内心限定一个防洪墙，让自己的欲望在自己的控制范围内，尽量不要让自己成为欲望的奴隶。当你只记得追求成功和胜利，你就会慢慢开始忽略你本来想要追寻的美好，就像很多人原本赚钱是为了给家人一个富足的生活，和家人幸福地过日子，结果欲壑难填，最后变成了“赚钱机器”，亲情也越来越淡薄，最后迷失在自己的欲望中，不记得本来想要拥有的是什么了。

欲望，可以帮你登上成功的顶峰，也可以带你走入逆境的地狱。那么如何控制自己的欲望呢？或者说，如何把欲望适当地用在需要的地方呢？

1. 把自己的目标全部列出来，完成一项在后面画上记号，这样就能有效地防止自己走着走着就跑偏了。当一系列的目标完成，再制定下一个系列的目标，并把每个目标的目的写出来，当完成之后看一看自己是否偏离了本来的目的，这样才能及时做出调整。

2. 一个时间只完成一件事情。我们的脑子就这么大，心也就这么大，不要同时铺开很多项工作，这样很有可能会浪费你的欲望，而且疲于奔命也会让你对现在从事的工作毫无兴趣，欲速则不达，不如一步一步来，让自己的生活不再疲惫。

3. 懂得享受生活。每个人的生命是有限的，我们的欲望让我们不断地成长和进步，但是我们也要懂得去体会和享受生活中本来的快乐，我们获得成功会感到成就感，这是一种快乐，但是不要为了追求成就感而去努力，而要去在享受这个过程的时候，顺便去成功，当你明白了路过的风景也许比目的地更美好的时候，你也就知道如何控制自己的欲望了。

人不能没有欲望，也不能有太多的欲望。我们不放弃自己的所求，是因为我们确实有想要得到的东西，有了欲望，也就有了决心，也就有了韧性。生活就是这样一场欲望的纠缠，如果你不想让自己变成一个被欲望捆绑的人，那就请你驯服自己的欲望，让自己的欲望变成自己的翅膀，让自己成为欲望的主人吧。

逆境中要懂得放弃——贪心是焦虑的并发症

逆境中我们会感到举步维艰，我们会体验到绝望、焦虑和悲伤。而这些负面情绪有时候来自于我们欲望的另一面——贪婪。我们说过欲望是给我们带来成功的动力，但是欲望中的贪婪也会导致我们在逆境中越陷越深。或者说欲望中最可怕的就是贪婪，因为贪心我们会变得追求完美，我们会变得永不满足，当这种无法达到的贪婪占据内心的时候，焦虑就会加重，绝望就会滋生，逆境也就会无休止地成长蔓延。

同样，在逆境中可以获得经验，在逆境中可以获得成长的机会，但是伴随着贪心，焦虑就会越来越多，我们想要得到的也就越来越多，最后可能就忘记了是要走出逆境，反而不断地在此徘徊，这就是贪心的可怕之处，它可以驱使你忘记本来的目的，它可以让你蒙蔽了内心，它也可以导致你变得内心浮躁。总之，当欲望中衍生出了贪婪，那么想要走出逆境就难上加难。人要学会放弃，懂得适可而止。

有这么一个故事：一群爱偷吃大米的猴子，一直让村子里的人很困扰，可是用了很多方法都抓不到它们。后来，人们去请教生物学家。生物学家根据这种猴子的习性找到了一种捕捉猴子的巧妙方法。

他把一只窄瓶口的透明玻璃瓶固定在树上，再放入大米，到了晚上，猴子来到树下，把爪子伸进去抓大米。这瓶子的妙处就在于猴子的爪子刚刚能够伸进去，等它抓一把大米后，由于握着拳头，爪子却怎么也抽不出来。而那个瓶子又系在树上，使它无法拖着瓶子走。贪婪的猴子十分顽固，或是太笨，始终不愿意放下已到手的大米。就这样，第二天，当生物学家把它抓住的时候，它依然没有放手。

许多人都会与猴子犯同样的错误，由于太看重眼前的利益，该放弃的时候不能放弃，结果铸成大错，甚至悔恨终生。人类其实是很聪明的，但是，在面对利益诱惑时，又往往是不理性的。人有时太贪婪，所以毁了大好前程；有时明知是圈套，却因为抵御不住诱惑而落入陷阱。很多时候他们不是败给自己的聪明，而是败给自己的贪欲。因此，人仅有聪明是不够的，还需要用理智驾驭自己的贪欲，在面临危机时要果断地松开抓着“大米”的手。

在逆境中更要懂得适可而止，有时候放弃一些东西是为了轻装上阵，走得更远。而在成长过程中，什么都想要，什么都不愿意撒手，只能拖累自己的脚步，让自己变成一只只知道贪心的“猴子”。

年轻人应当奋斗，不要将侥幸致富作为你的动力。在今天的社会里，创业也好，就业也好，一定要脚踏实地，通过努力学习达到目标。千万不要浮躁，不要认为可以侥幸得到成功。那种侥幸的成功即便得到了，可能也是短暂的；就算不是短暂的，也是不值得的。

在创新工场，我们投资了一个团队，团队的负责人是美国名校毕业，才华横溢，口才也非常好，被团队一致推为领导者。但他希望能快速成功，快速出名。结果，他把更多的时间花在怎么出风头上，而不是脚踏实地把产品做好。结果，团队的产品做得非常不成功。团队成员一个接一个离开，最后他自己也不得不离职。

想创业的同学，一定不要太浮躁。一毕业就创业，失败的概率太大了。就算你有实习经验，你也不会深入了解财务、法务、运作、市场、技术、产品、用户……你不可能这么快成为全才。给自己至少几年时间，再去创业。最好的培训学习方法是加入一家创业公司，逐步积累自己的实力、人脉。当你觉得自己积累够了的时候，再开始创业。

《老子》中说："持而盈之，不若其已。揣而锐之，不可长保也。金玉盈室，莫之能守也。贵富而骄，自遗咎也。功遂身退，天之道也。"其意思是说：水已经满了，不如就停下来，打炼金属使其尖锐，可是过分就会让金属寿命减少。财富再多，也守不住，因为财富而骄傲，一定会给自己带来麻烦。急流勇退，适可而止，才是符合大自然规律的。

要学会适可而止，适可而止可能会让我们更加从容，不能对一些人、一些事要求太高，有句话不是说得好吗："希望越大，失望越大"，何必让自己陷入一种窘迫的境地。

适可而止是一种对别人，也是对自己的尊重。我们需要尊重，所以别轻易地让人觉得你烦得要命。给别人一点儿空间，也给自己一点儿空间。

适可而止是一种无声的默契，远近距离适宜，亲疏程度适宜，不是很亲密却不能缺少，人与人之间的关系这样才会比较和谐吧。

有时何必那么执着，不要伤了别人也伤了自己。该执着时亦须执着，这个分寸真的好难把握。

事实证明，没有人可以拥有所有的东西，在生活中，我们要脚踏实地，避免贪心，把眼光放得长远一些，不要在乎眼前所有的利益。逆境中我们需要的是积累，面对诱惑，不贪心，才有可能不上当，才有可能不中计。欲望中的贪心不会带给我们成功的希望，它带领我们去的永远都是失败的沼泽。

只要你想，就能到达

我们都是有欲望的人，这个世界也因为人们的欲望而变得多彩、变得美丽。既然我们都渴望成功、都渴望幸福，那么要做的其实很简单——出发吧，朝着自己的梦想，不要让自己的欲望成为折磨自己的负能量，把欲望变成你的利器，带你去拼杀、去竞争、去获得胜利。

对于欲望来说，出发是一个很美好的字眼。因为只有出发才能成全欲望，只有你动手去做了，才有可能获得成功。因此，不管你是不是面对逆境，不论你的前路是否困难重重，请你出发吧，只要你想，就能到达；只要你想，就有希望。

某天，武则天想试一试狄仁杰，便命他前来觐见，对他说："你在豫州的时候名声很好，但是也有人在我面前弹劾过你。你想知道他们是谁吗？”

狄仁杰辞谢道：“别人说我不好，这很正常。如果陛下认为臣的确犯有那样的过失，那请您对臣直言，臣一定改正；如果陛下认为那不是臣的过错，那就不必为此劳神。但是无论哪种情况，我都不想知道是谁弹劾的我。因为只有这样，我才可以继续友善地对待对方。”

武则天被狄仁杰的宽容大度打动了，不但更加赏识他，还非常敬重他，甚至把他称为“国老”。

“国老”年老以后，多次上书请求告老还乡，可武则天一直不舍得让他走。93岁时，狄仁杰溘然长逝；武则天常常为此叹息：“老天为何要这么早就夺走我的国老呢！”

与其把心思花在如何防御闲言碎语上，不如用实际行动来证明自身的清白——“该干什么还干什么，沉默是对诽谤者的最好回答。”美国前总统华盛顿如是说。

生活是海，理想是船，欲望是帆，正如天时地利与人和，缺一不可。但凡想要成功的人，都不是待在家里做梦的主儿，他们只要有了想法就会想尽一切方法去付诸实践，他们比其他人要更早拥有失败的经历，他们比其他人更早通过逆境的折磨，因此他们拥有了比其他人更多的经验、更多的财富，最后也比其他人拥有了更多的成功的概率。

好的开端，是成功的一半，纵观这些奇妙的开端不难发现，他们其实是拥有共性的，那就是——不惧风雨，坚持前进。虽然每个成功者的开端也许略有不同，但是他们给我们讲述的“白手起家”往往离不开坚持、思考和奋斗，这三点普通得不能再普通的特点，就是不论任何时代的成功者都拥有的宝贵品质。这也就是我们所认为的，有了开始，只要坚持，就能达到。

所谓好的开端是成功的一半，这是著名的路径依赖，也就是说人们的工作轨迹往往会根据一开始的路径走下去，即是好的开始就有好的结果，糟糕的开始通常也会有一个不怎么愉快的结局。

第一个明确提出“路径依赖”理论的是道格拉斯·诺思。他由于用“路径依赖”理论成功地阐释了经济制度的演进规律，从而获得了1993年的诺贝尔经济学奖。

他认为，依赖就像是人思维的惯性，一旦产生，不论好坏，都会让人开始依赖这种方式，人们总会强化已经成功过的路径，这也是依赖形成的过程。人们过去做出的选择决定了他们现在及未来可能的选择。好的路径会对企业起到正反馈的作用，通过惯性和冲力，产生飞轮效应，企业发展因而进入良性循环；不好的路径会对企业起到负反馈的作用，就如厄运循环，这样的企业会陷入死循环而停滞不前。

人们关于习惯的一切理论都可以用“路径依赖”来解释。

它告诉我们，要想路径依赖的负面效应不发生，那么在最开始的时候就要找准一个正确的方向。每个人都有自己的基本思维模式，这种模式很大程度上会决定你以后的人生道路。而这种模式的基础，其实是早在童年时期就奠定了的。做好了你的第一次选择，你就设定了自己的人生。

戴尔12岁那年，进行了人生的第一次生意冒险——为了省钱，酷爱集邮的他不想再到拍卖会上卖邮票，而是通过说服自己一个同样喜欢集邮的邻居把邮票委托给他，然后在专业刊物上刊登卖邮票的广告。出乎意料地，他赚到了2000美元，第一次尝到了抛弃中间人“直接接触”的好处。有了第一次，就再也忘不掉了。后来，戴尔的创业一直和这种“直接销售”模式分不开。

上初中时，戴尔就已经开始做电脑生意了。他自己买来零部件，组装后再卖掉。在这个过程中，他发现一台售价3000美元的IBM个人电脑，零部件只要六七百美元就能买到。而当时大部分经营电脑的人并不太懂电脑，不能为顾客提供技术支持，更不可能按顾客的需要提供合适的电脑。这就让戴尔产生了灵感：抛弃中间商，自己改装电脑，不但有价格上的优势，还有品质和服务上的优势，能够根据顾客的直接要求提供不同功能的电脑。

这样，后来风靡世界的“直接销售”和“市场细分”模式就诞生了。其内核就是：真正按照顾客的要求来设计制造产品，并把它在尽可能短的时间内直接送到顾客手上。

此后，戴尔便凭借着他发现的这种模式，一路做下去。从1984年戴尔退学开设自己的公司，到2002年排名《财富》杂志全球500强中的第131位，其间不到20年时间，戴尔公司成了全世界最著名的公司之一。正是初次做生意时的正确路径选择，奠定了后来戴尔事业成功的基础。

心中的欲望，能撑起你的理想，能够让你有一个好的、充满激情的开端。不论你想要做成什么，不要让自己变得淡漠，不要忽视你心中的欲望，也不要放纵你心中的欲望，让欲望成为你的风帆，当你起航的时候，找到正确的方向，坚持奋斗下去，相信你那“另一半的成功”一定在不远处期待着你的到来。

第十四章　崩塌中的繁荣

细胞学中，每一个蛋白质都在不停地合成和降解，所有的资源都在分解的那一刻被重新整合利用，组成具有新的功能的蛋白质。看似无序的世界中，却蕴含着最古老的机制，也正是这种重建，才能带给我们崭新以及充满活力的每一天。

废墟之上的重建

不论是朝代的更迭，还是社会的变迁，离不开的就是破除旧的、发展新的；新事物的演变以及发展壮大，基本上都伴随着旧事物、旧制度的没落和崩塌。作为不断成长的我们，也同样顺应着这样的道理，我们不断摒弃幼稚和天真，让自己变得强大起来，通过逆境的磨炼，让那些本来不成熟的想法一点儿一点儿崩塌，那些尝试的一点儿一点儿失败，最后获得真正的坚实的成功。

当我们面对已经熟悉的制度渐渐崩塌，我们要做的不是诚惶诚恐的对待，或者逃避到一边等待最后的覆灭。我们应该在崩塌即将到来的时候，发现崩塌之后重新建立起来的新制度，就像是一个产品已经到了研发瓶颈的时候，是不是应该引进新的技术，而不是抱柱而死。打破是为了更好地发展，打破是为了建立新的生活。面对随时都可能崩塌改变的现代社会，我们要有打破的勇气，要懂得打破赋予我们人生的全新的价值。

对于一个不愿意创新、不愿意变革的企业，等待它的就是被时代抛弃，成为一个病入膏肓的巨人。很多人都说，项羽能够打败秦王朝的其实根本不是因为他有多么剽悍强大，而是因为秦王朝自己就已经“病入膏肓”。同样，如果一个人总觉得自己已经足够强大，不需要继续发展和改变，那么这个人也会渐渐地被取代，他本来的优势也会因为不再继续努力而变得荡然无存。

那么我们应该如何在废墟上重建呢？如果打破只是万里长征的第一步，那么重建才是我们打破的真正目的，只打破不重建那叫作破坏，只有为了重建的打破才是真正的突破和创新。想要推陈出新，首先一定要对旧的以往的经验进行保留和学习，要在彻底了解“旧”的基础上，发展新的思路。

其次，想要做一个能够创新的人，就要勇于打破传统观念。当我们积累了足够的经验，我们的想法就会有新的创新，做人要会思考，不能迂腐，敢于尝试，这样才能在科技已经落后的时候，发现新的机会，发现新的出路。

除此之外，想要做一个能够在废墟上重建的人，还要学会如何清理内心的废墟。比如不要让自己总是习惯做一件事情，不要害怕改变，要让自己多去迎接挑战，不能躺在已有的成绩上沾沾自喜，等等，这些都是推陈出新需要的优秀品质。

生活就是不断地打破和重建，因此，不需要害怕打破这个世界，我们应该害怕的是打破这个世界之后，我们却没有能力在新的世界站稳脚跟。当我们有足够的勇气、足够的能力、足够的经验、足够的思想去应付这个随时可能崩塌的世界的时候，我们就会发现，世界就是在不断的打破中成长的，机会也是在不断的打破中衍生而来的。

打人打脸——正面回击才是最有效的

在逆境中，我们随时会遇到“落井下石”的人，我们在幸运的时候也许注意不到，但当我们倒霉了，当我们处于被动的时候，就会发现我们身边潜伏的那些不怀好意的对手，他们有时候会误导我们在逆境中迷路，有时候会在逆境中为我们增加各种困难，有时候在我们悲观的时候给我们带来更多的负面情绪。总之对于这些对手，我们要做的也不是一味地退让，既然世界让我们去作战，那就勇敢地迎上去好了。

面对逆境中的敌人，我们要做的就是所谓的正面回击，在和他们正面作战的过程中，有时候我们可以重拾信心，重新找到走出逆境的希望，因此在我的观点里，虽然我们不需要做一个好战分子，但是在逆境中，进攻才是最好的防守。

孙子有云："守则不足，攻则有余。"守尚不足，攻而有余？岂不怪哉？这句话千百年来困扰了无数先贤，甚至有人干脆把这句话改成了"守则有余，攻则不足"。当你遇到逆境，遇到对手，只有你正面打回去才能给他有力的回击，才能让自己重新拥有可以思考的清静的环境。很久以前，鲁迅先生就说过，真的勇士敢于直面惨淡的人生。而在人生的逆境中，只有勇于针锋相对的人，才能绝处逢生。

苹果公司的创始人乔布斯，被自己的公司两度开除，又两度请了回来。失意的乔布斯并没有放弃、自怨自艾，反而是顺手做了更喜欢的事情——皮克斯动画公司，到现在都是世界上一流的动画制作公司。这就是主动的回击，你背叛我、你放弃我，这都不是我放弃自己的理由，相反我依旧手握自己的武器去战斗，有一天你仍旧会臣服在我脚下，因为我本就是天才，逆商的天才。不仅仅是乔布斯，世界上大部分白手起家的“天才”大多数都是逆商天才，他们也许并不像大脑超人一样，但是他们面对逆境的态度如出一辙，不放弃，不鲁莽，善思考，勇创新，这也是这些人能够在电子商品上长盛不衰的一个秘诀。

诚然，不可能所有人都是天才，但是逆商是可以获得的，也就是说我们可以让自己成为一个逆商天才，成为一个面对逆境的时候激流勇进的好手，一个敢于创新、敢于走入无人之境的勇者。想要成为一个逆商天才，最重要的就是如何在逆境中还有所创新，如何把别人无法打破的逆境打破，非常规的环境我们就应该采用非常规的策略。

敢为人所不敢为的人，才能拥有别人无法拥有的成就。想要在逆境中获得辉煌，就要做一些普通人不敢做的事情，尝试一些普通人不敢尝试的创新。想要获得这种能力，实际上并不是说你只有疯狂的想象力就可以的，想象力是人类进步的翅膀，可是想象力的基础是你的知识背景、经验储备，只有你经历了足够的磨炼，积累了足够的信息，只有你对这些内容有了充分深入的了解，你才能从中悟出属于你的独特之道。所谓磨刀不误砍柴工，说的就是这个道理。

逆商可以决定我们面对逆境时的态度，而逆商是我们唯一可以通过后天的努力获得的能力。这对于每个人都是公平的，只要你是一个内心阳光、积极向上的人，只要你从来不惧怕挑战，只要你是一个真诚的人，只要你是一个敢于吃苦、不怕委屈的人，在平时积累自己的才华，磨炼自己的心智，不要害怕逆境，不要害怕挑战，只要做到这几点，你也可以成为逆商天才。

自下而上的繁荣

无论你的智商是高是低，无论你是否出身显贵，无论你是否有贵人相助、左右逢源，我只想说，没有人能够一步登天，所有的人都要从幼小成长为成熟，不管是从身体还是心智，没有人能够永远躲在温室里，也没有人能够永远有好运气相伴。想要获得属于自己的繁荣，你就必须跟逆境打交道。在成长的不同阶段，在生活的不同环境，逆境会变着花样地出现在你的身边，让你的心情变得沮丧，行动变得迟缓，思路变得模糊，而也正是这些逆境的不断出现，才给了你不一样的经验和教训，才让你的未来更加明确清晰，才让你成功的概率越来越高。

“经过大海的一番磨砺，卵石才变得更加美丽光滑。”人总会遇到挫折，陷入逆境，但只要我们坚持不懈地努力，积极战胜逆境给我们带来的磨难，我们也会逆袭成才。

逆境能成就辉煌的人生。“故天将降大任于斯人也，必先苦其心志，劳其筋骨，饿其体肤，空乏其身，行拂乱其所为，所以动心忍性，曾益其所不能。”这是文学家孟轲对逆境成长的感慨。泰戈尔说过：“只有经过地狱般的磨炼，才能炼出创造天堂的力量，只有流过血的手指，才能弹奏出世间的绝唱。”

逆境是我们实现理想的垫脚石。巴尔扎克曾说过：“苦难对于天才是一块垫脚石。”

我们的人生需要支点，我们需要磨难来帮助我们成长，也只有逆境才能带给我们真正的繁荣。在成长的过程中，淘汰旧的、破的，才能换来新的、好的。逆境也许不能增加我们生命的长度，但是一定可以将我们的人生拉宽。

就像盖一栋大楼要有好的地基一样，空中楼阁只能出现在古老的巴比伦神话里，或者是只能看、摸不着的镜花水月。如果你想要有一个坚实的人生，有一个能够为你遮风挡雨的事业，那么就要从最底层开始做起，你的大楼能够建造得多高，取决于你的地基打得有多么牢固、多么深厚。不要去攀比，不要去羡慕，不要去盲目崇拜那些比你快的人，勤勤恳恳地建好自己的大楼，当你能拔地而起的一刻，相信全世界都将看到太阳下你的基业投射出的影子。

任何繁荣都要自下而上，一蹴而就的辉煌往往也就是昙花一现。我们没有人追求那种转瞬即逝的幸福，而真真切切的长久都是要脚踏实地去争取的。想要获得在变化中的繁荣，就要不害怕、不退缩，每天都让自己进步一点儿，每天都让自己有新的成长，当你比世界变化得还要快，你就不再是追赶时间的人，而是超越时代的强者。

想要获得逆境中的繁荣，就得坚持自己的希望，坚持自己就是正能量最好的来源，坚持自己就是不被逆境绝望打倒的最好的武器。自下而上的繁荣，需要时间，需要耐心，有时候需要你一次又一次地跌倒，如果你能够做一个善于思考、善于坚持、善于创新的人，那么不论这个世界如何千变万化，你也总能找到属于自己的那份繁荣。

逆境给人宝贵的磨炼机会。只有经得起考验的人，才能算是真正的强者。自古以来的伟人，大多都是抱着不屈不挠的精神，从逆境中挣扎奋斗过来的。

愿你我都能拥有丰富多彩的人生，愿你我都不负好时光、不负坏时光，在这个精彩又残忍的时代，获得自己的繁荣！